黄河上游河道凌情变化规律与防凌工程调度关键技术

刘红珍　张志红　李超群　等著

黄河水利出版社

· 郑州 ·

内 容 提 要

本书在梳理总结黄河防凌已有成果的基础上,分析了宁蒙河段凌情特征变化以及在热力、动力和河道边界条件等方面的成因,研究了黄河上游河道凌情变化规律和流凌封河期、稳定封河期以及开河期等凌汛期关键阶段的河道防凌控制流量指标,开发了应对凌汛的水库群联合防凌补偿调度技术,优化了龙羊峡、刘家峡等水库联合防凌调度运用方案及应急分凌区分凌调度方式。

本书可供从事冰凌变化规律和水库防凌调度等专业工作人员和研究人员学习、参考,也可作为大专院校相关专业的参考书。

图书在版编目(CIP)数据

黄河上游河道凌情变化规律与防凌工程调度关键技术/刘红珍等著. —郑州:黄河水利出版社,2019.5
ISBN 978 - 7 - 5509 - 2390 - 4

Ⅰ.①黄… Ⅱ.①刘… Ⅲ.①黄河 - 上游 - 冰情 - 变化 - 研究②黄河 - 上游 - 防凌 - 调度 - 研究 Ⅳ.①P343.6②TV875

中国版本图书馆 CIP 数据核字(2019)第 106337 号

组稿编辑:王路平 电话:0371 - 66022212 E-mail:hhslwlp@126.com

出 版 社:黄河水利出版社 网址:www.yrcp.com
　　　　地址:河南省郑州市顺河路黄委会综合楼 14 层 邮政编码:450003
发行单位:黄河水利出版社
　　　　发行部电话:0371 - 66026940、66020550、66028024、66022620(传真)
　　　　E-mail:hhslcbs@126.com
承印单位:河南新华印刷集团有限公司
开本:787 mm × 1 092 mm　1/16
印张:10.25
字数:240 千字
版次:2019 年 5 月第 1 版　　　　　印次:2019 年 5 月第 1 次印刷

定价:56.00 元

前　言

　　黄河上游自河源至内蒙古托克托县河口镇的干流河道长 3 472 km,其中黄河宁夏、内蒙古河段(简称宁蒙河段)地处黄河流域最北端,河道长 1 203.8 km,气温在 0 ℃ 以下的时间可持续 4～5 个月,河道一般均会结冰封河。宁蒙河段水流由西南流向东北,冬季来临时上游气温高、下游气温低,封河自下而上,由于下段封河,水流阻力加大,上段流凌易在封河处堵塞形成冰塞,壅水漫滩,严重时会造成堤防决口;第二年春季,随着气温升高,冰层开始融化,由于气温南高北低,上游开河融冰时,下游往往还处于封冻状态,上游大量的冰、水涌向下游,形成较大的冰凌洪峰,极易在弯曲、狭窄河段卡冰结坝形成冰坝,壅高水位,造成凌汛灾害。

　　凌汛受热力、动力、河道边界条件等多种因素综合影响,问题非常复杂。黄河上游宁蒙河段大部分属于冲积性河道,主流摆动剧烈,游荡性河段较长。龙羊峡水库运用后,受气候变化和人类活动等共同影响,上游内蒙古河段极端气温事件频出,中水河槽淤积萎缩,凌汛期封、开河形势变化剧烈,槽蓄水增量大,水位升高,河道凌情发生了新的变化,凌灾风险加剧。

　　为减少凌汛灾害,黄河上游修建了堤防、水库和分凌区等防凌工程。虽然凌汛期刘家峡水库按照宁蒙河道防凌要求控制出库流量,但由于龙羊峡、刘家峡水库为综合利用水库,防凌调度与发电、供水、灌溉等综合利用目标矛盾较突出,而且刘家峡水库距离防凌河段远,难以及时调控。同时,上游河段冬灌引退水影响宁蒙河段流凌封河形势,引退水关系复杂,需要利用海勃湾水库控制适宜的封河流量。凌汛洪水影响因素多、突发性强、难预测、难防守,需要明确应急分凌区的启用时机、运用方式,降低凌汛风险,减轻凌灾损失。

　　凌汛期天寒地冻,一旦出险,抢险难度大,凌灾损失巨大。近年来,黄河上游宁蒙河段沿黄两岸经济社会发展快、防凌要求高,为保障黄河宁蒙河段防凌安全和流域经济社会的可持续发展,2011 年 5 月水利部批复宁蒙河段防洪防凌形势及对策研究项目任务书,要求深入开展上游河段凌情变化规律和防凌工程调度研究;为进一步解决黄河凌汛监测和灾害防控难题,2018 年国家重点研发计划项目"黄河凌汛监测与灾害防控关键技术研究与示范"立项,并设立"凌汛期上游水库群与分凌区联合调控关键技术"(2018YFC1508404)研究课题。

　　"宁蒙河段防洪防凌形势及对策研究"项目和"凌汛期上游水库群与分凌区联合调控关键技术"(2018YFC1508404)课题由多个单位的多名技术人员共同参与完成。参加研究的有黄河勘测规划设计研究院有限公司的刘红珍、张志红、李超群、郭兵托、鲁俊、安催花、贺顺德、雷鸣、蔺冬、焦营营、万占伟、陈松伟、崔振华、刘占松、靖娟、许明一、崔鹏、王鹏、宋伟华等,黄河水利委员会水文局的刘吉峰、陈冬伶、霍世青、饶素秋、范昱昊、杨特群等,黄河水利委员会黄河水利科学研究院的张防修、余欣、张晓华、梁国亭、王司阳等,沈阳军区司令部工程科研设计院的杨旭升、梁秋祥、杜富贵、张金辉等。在此对大家的辛勤劳动、大力支持表示诚挚的感谢!

　　本次主要在以上项目和课题工作的基础上,梳理总结黄河防凌已有成果,深入研究凌情变化成因,提炼河道凌情变化规律,整合防凌调度关键技术,将主要成果凝练为本书。全书共9章:第1章介绍了课题研究背景、国内外研究现状,阐述了本书研究的目标、范围、思路和主要研究成果;第2章对黄河上游河道凌汛成因进行了研究,说明上游水库、分凌区等防凌工程措施及防凌非工程措施情况;第3章分析了宁蒙河段凌情特征及近期变化,从热力、动力、河道边界条件等方面分析了凌情变化成因,提出上游河道凌情变化规律;第4章分析了流凌封河、稳封、开河期河道凌情特点,判别冰塞、冰坝发生流量,提出不同河道边界条件下适宜的封河流量、稳封期控制流量等,研究水库至宁蒙河段区间冬灌引退水对凌情影响,综合提出上游河道防凌控制指标;第5章分析了水库调度时机、控制流量对凌情的影响,总结防凌调度经验,研究不同情景凌汛期各阶段刘家峡水库防凌控泄流量,拟订水库联合防凌调度指标,分析龙羊峡水库按设计和现状运用方式下刘家峡水库的防凌库容,提出龙羊峡、刘家峡两库联合防凌优化调度方式;第6章分析了海勃湾水库设计防凌运用方式,根据海勃湾水库库尾防凌提出防凌运用水位,提出了凌汛期各阶段的防凌方式、防凌库容及水库建成后宁蒙河段凌情变化;第7章分析了应急分凌区实际运用情况,研究了应急分凌区的启用条件、分凌流量、分凌历时等,提出应急分凌区分凌调度方式;第8章分析了上游防凌工程防凌任务,根据不同凌情,提出上游防凌工程联合调度方式;第9章总结研究所取得的主要成果、结论,并展望未来成果的应用。

　　本书第1章、第9章由刘红珍撰写;第2章、第8章由张志红、刘红珍撰写;第3章由李超群、鲁俊撰写;第4章由鲁俊、蔺冬撰写;第5章由李超群、刘红珍、郭兵托撰写;第6章由贺顺德撰写;第7章由雷鸣撰写。全书由刘红珍、张志红、李超群统稿。

　　本书在研究和编写过程中,得到了黄河水利委员会原副总工翟家瑞、李文家和黄河水利委员会原科技委主任陈效国、副主任胡一三等多位专家的悉心指导;得到了黄河勘测规划设计研究院有限公司席家治、高治定、李世滢、杨振立,黄河水利委员会水文局李良年、王玲、霍世青,黄河水利委员会黄河水利科学研究院江恩惠、郜国明、李书霞等多位领导、专家的指导。在此对各位领导和专家的关心、帮助表示衷心的感谢!

　　凌汛受热力、动力、河道边界条件共同影响,黄河上游河道长且边界条件复杂、凌汛期水库泄水与区间引退水交织、气温极值事件较多,防凌复杂性尤为突出,加之编写人员水平有限,书中疏漏之处在所难免,敬请读者批评指正。

作　者

2019 年 1 月

目　录

前　言
第1章　绪　论 ……………………………………………………………（1）
　　1.1　研究背景 …………………………………………………………（1）
　　1.2　研究现状 …………………………………………………………（2）
　　1.3　研究范围、目标及技术路线 ……………………………………（5）
　　1.4　主要结论及创新性成果 …………………………………………（8）
第2章　黄河上游河道凌汛及防凌工程概况 ……………………………（10）
　　2.1　黄河上游河道凌汛概况 …………………………………………（10）
　　2.2　防凌工程概况 ……………………………………………………（16）
　　2.3　现状防凌形势分析 ………………………………………………（20）
　　2.4　本章小结 …………………………………………………………（22）
第3章　黄河上游河道凌情变化规律 ……………………………………（23）
　　3.1　上游河道凌情特征及变化 ………………………………………（23）
　　3.2　凌情变化成因 ……………………………………………………（36）
　　3.3　上游河道致灾凌情特点及成因 …………………………………（54）
　　3.4　黄河上游现状防凌形势 …………………………………………（57）
　　3.5　本章小结 …………………………………………………………（58）
第4章　上游河道防凌控制指标研究 ……………………………………（59）
　　4.1　宁蒙河段凌汛期防凌安全控制流量 ……………………………（59）
　　4.2　小川—宁蒙河段区间流量 ………………………………………（71）
　　4.3　考虑宁蒙河段防凌安全的小川断面控制流量 …………………（76）
　　4.4　本章小结 …………………………………………………………（77）
第5章　龙羊峡、刘家峡水库联合防凌调度 ……………………………（78）
　　5.1　现状龙羊峡、刘家峡水库防凌调度原则 ………………………（78）
　　5.2　龙羊峡、刘家峡水库防凌调度经验总结 ………………………（79）
　　5.3　不同情景刘家峡水库防凌控泄流量分析 ………………………（102）
　　5.4　龙羊峡、刘家峡水库现状联合防凌调度方式优化研究 ………（104）
　　5.5　龙羊峡水库不同运用方式下刘家峡水库防凌库容分析 ………（117）
　　5.6　本章小结 …………………………………………………………（125）
第6章　海勃湾水库防凌运用方式研究 …………………………………（127）
　　6.1　海勃湾水库工程概况及设计防凌调度方式 ……………………（127）
　　6.2　海勃湾水库防凌运用方式研究 …………………………………（127）
　　6.3　海勃湾水库建成后宁蒙河段凌情变化 …………………………（135）

6.4 本章小结 ……………………………………………………………（136）

第7章 应急分洪区防凌调度 ……………………………………………（137）

7.1 应急分洪区概况及实际分凌运用情况 …………………………（137）

7.2 应急分洪区分凌调度目标与原则 ………………………………（139）

7.3 应急分洪区分凌调度研究 ………………………………………（140）

7.4 本章小结 ……………………………………………………………（143）

第8章 上游防凌工程联合调度方式 ……………………………………（144）

8.1 上游防凌调度技术 ………………………………………………（144）

8.2 上游水库防凌调度特点 …………………………………………（144）

8.3 上游防凌工程防凌任务分析 ……………………………………（145）

8.4 上游防凌工程联合调度方式 ……………………………………（146）

8.5 本章小结 ……………………………………………………………（148）

第9章 总结与展望 ………………………………………………………（149）

9.1 主要结论 …………………………………………………………（149）

9.2 创新点 ……………………………………………………………（151）

9.3 认识与展望 ………………………………………………………（152）

参考文献 …………………………………………………………………（155）

第 1 章　绪　论

1.1　研究背景

　　黄河上游有凌汛且问题突出的河段主要集中在黄河宁夏内蒙古河段(简称宁蒙河段),黄河宁蒙河段自宁夏中卫县南长滩入境,至内蒙古准格尔旗马栅乡止,全长 1 203.8 km。宁蒙河段地处黄河流域最北端,冬季干燥寒冷,气温在 0 ℃ 以下的时间可持续 4～5 个月,河道一般均会结冰封河。由于宁蒙河段由低纬度流向高纬度(从西南流向东北),冬季气温上暖下寒,封河自下而上,冰层下厚上薄;第二年春季,封河的冰层融化,由于气温是南高北低,开河自上而下。在封河期,由于下段封河,水流阻力加大,上段流凌易在封河处堵塞,壅水漫滩,严重时会造成堤防决口;当上游开河融冰时,下游往往还处于封冻状态,上游大量的冰、水涌向下游,形成较大的冰凌洪峰,极易在弯曲、狭窄河段卡冰结坝,壅高水位,造成凌汛灾害。

　　凌汛受热力、动力、河道边界条件等多种因素综合影响,问题非常复杂。黄河宁蒙河段大部分属于冲积性河道,主流摆动剧烈,游荡性河段较长。龙羊峡、刘家峡水库的运用,改变了宁蒙河段的天然流量过程,使得汛期洪水减小、非汛期水量增加,加之近 20 年来水总体偏枯,内蒙古河段中水河槽严重淤积萎缩,平滩流量由 1986 年前的约 4 000 m³/s 降至 2010 年的 1 500 m³/s 左右,2012 年、2018 年上游大水后,平滩流量恢复到 2 000 m³/s 左右。中水河槽萎缩导致主槽冰下过流能力降低,流凌封河时水位升高、大量冰凌洪水漫滩,河道槽蓄水增量加大、高水位时间延长,这一方面容易造成堤防的管涌、渗漏,增加决口风险;另一方面,若开河期气温回升幅度大,槽蓄水增量急剧释放,极易造成冰塞、冰坝壅水,形成凌洪灾害。受气候变化和人类活动等共同影响,近期上游河道凌情发生了新的变化。

　　现状宁蒙河段的防凌工程主要包括沿黄两岸堤防工程,上游龙羊峡、刘家峡水库和内蒙古河段的六个应急分凌区等。干流堤防始建于 20 世纪 50 年代,两岸堤防长 1 453 km,部分堤段存在宽度、高度不足等问题。近年来,虽加大了堤防工程的建设力度,但由于整个宁蒙河段堤身设计为土质堤身,抗冲性差,河道整治工程少,主流摆动剧烈,中常洪水也有可能冲决大堤,同时穿堤建筑物多,防凌安全存在隐患。龙羊峡、刘家峡水库为综合利用水库,防凌调度与发电、供水、灌溉等综合利用目标矛盾较突出;刘家峡至石嘴山站约 778 km,至头道拐站约 1 443 km,凌汛期出库水流至两站的传播时间约 6 d、17 d,水库距离凌汛河段远,难以及时调控。同时,上游河段冬灌引退水影响宁蒙河段流凌封河形势,引退水关系复杂,需要利用海勃湾水库控制适宜的封河流量。凌汛洪水影响因素多、突发性强,需要明确应急分凌区的启用时机、运用方式,降低凌汛风险,减轻凌灾损失。

由于影响凌汛的因素多,气温等因素难以控制,黄河上游凌汛险情突发性强、难预测、难防守,导致凌灾频繁、损失巨大。随着经济社会的快速发展,宁蒙黄河两岸的工农业有了长足发展,对黄河宁蒙河段防凌的要求也越来越高。该地区防凌安全直接关系到两自治区社会经济的可持续发展和政治的稳定。为确保黄河宁蒙河段防凌安全,保障流域经济社会的可持续发展,深入开展黄河上游河道凌情变化规律与防凌工程调度研究是十分必要的。

为此,针对黄河上游重点是宁蒙河段防凌问题,2011年5月水利部批复宁蒙河段防洪防凌形势及对策研究项目任务书,确定"主要工作内容为分析黄河宁蒙河段凌汛形势及现状防洪防凌体系存在的主要问题,研究上游水库及防凌应急分洪区的防凌调度原则与方案,提出宁蒙河段防凌综合调度方式,研究建立冰凌数学模型和应急破冰方案等防凌措施。"项目由黄河勘测规划设计研究院有限公司技术总负责,完成凌汛形势、防凌工程调度研究;黄河水利委员会(简称黄委)水文局负责冰凌数学模型研究,黄河水利委员会黄河水利科学研究院负责冰水动力模型框架研究,沈阳军区司令部工程科研设计院负责应急破冰方案研究。项目各承担单位通过大量深入细致的内外业工作,编制完成《宁蒙河段防洪防凌形势及对策研究》总报告和《宁蒙河段防凌形势及防凌工程调度研究》等多个专题报告,并于2014年4月顺利通过黄河水利委员会的审查。

为进一步解决黄河凌汛监测和灾害防控难题,2018年国家重点研发计划项目"黄河凌汛监测与灾害防控关键技术研究与示范"立项,黄河勘测规划设计研究院有限公司承担了"凌汛期上游水库群与分凌区联合调控关键技术"(2018YFC1508404)研究课题。课题任务是"构建黄河上游凌汛期防凌控制指标体系,充分挖掘龙羊峡、刘家峡、海勃湾、万家寨等水库和分凌区的防凌能力,开发黄河上游水库群和分凌区联合防凌优化调度模型……提升水库群及分凌区调度防凌的凌灾快速防控能力,支撑黄河凌汛灾害防控决策支持平台。"

本书主要在"宁蒙河段防洪防凌形势及对策研究项目"和"凌汛期上游水库群与分凌区联合调控关键技术"(2018YFC1508404)课题工作的基础上,进一步梳理黄河防凌已有研究成果,剖析河道凌情变化成因,提炼河道凌情变化规律;深入研究河道防凌控制流量、水库至凌汛河段区间流量过程,总结龙羊峡、刘家峡水库实际防凌调度经验,建立龙羊峡、刘家峡水库联合防凌调度模型,研究上游水库联合防凌调度方案,提出防凌工程调度关键技术。

1.2　研究现状

1.2.1　黄河上游河道凌情变化规律

中华人民共和国成立后,为减少黄河凌汛灾害,对黄河凌情的研究逐步开展(中国江河冰凌,蔡琳,2008年;黄河冰凌研究,可素娟,王敏,饶素秋等,2002年),黄河上游河道凌情的研究主要集中在气温、河相变化对凌汛的影响以及河相变化影响冰塞、冰坝形成的机制等(黄河凌汛成因分析及预测研究,彭梅香,王春青,温丽叶等,2007 年;黄河巴彦高勒河段冰塞机理研究,可素娟,吕光圻,任志远,2000 年),上游宁蒙河段凌情变化特点主要分析了流凌时间、封河天数、封河长度、冰厚与冰塞等(20 世纪 90 年代黄河宁蒙河段凌情特点分析,饶素秋,霍世青,薛建国,2000 年)。

随着对上游凌情特征及变化成因认识的不断深入,多个单位开始针对黄河冰情特性,相继开发建立了一些冰凌预报模型。代表性的主要有:1994 年黄委水文局建立了黄河下游实用冰情预报模型,河道流量演算采用水文学法,冰凌模型主要包括了水温、流凌、封河、冰盖厚度与开河五个部分;1998 年黄委水文局建立了黄河上游实用冰情预报模型,增加了冰塞和冰坝数量的预报功能;2002 年清华大学茅泽育建立了二维河冰数学模型并应用于黄河河曲段,模型采用适体坐标变换的方法,基本反映了河冰的发展过程;2006 年黄委水文局与中国水利水电科学研究院建立了黄河宁蒙河段冰情统计相关预报模型和神经网络模型预报模型,用于流凌和封开河特征要素预报。

近期完成的"内蒙古河段合理主槽过流能力及相应水沙条件""黄河宁蒙河段主槽淤积萎缩原因及治理措施和效果研究"等项目对宁蒙河段主槽过流能力变化情况进行了研究;《黄河宁夏河段近期防洪工程建设可行性研究报告》《黄河内蒙古河段近期防洪工程建设可行性研究报告》对宁蒙河段凌汛期水位等进行了研究。

1.2.2　防凌工程调度

1.2.2.1　防凌调度实践

黄河的防凌水库调度,先后经历了分河段防凌水量调度和全河防凌水量统一调度两个阶段。1989 年以前,黄河凌汛期水库调度主要由刘家峡水库围绕宁蒙河段防凌进行水量调度,三门峡水库围绕着黄河下游防凌进行水量调度。龙羊峡水库 1986 年投入运用后,黄河年径流量分配过程发生了很大的变化,对黄河中下游的防洪、防凌及水资源产生了较大的影响。鉴于龙羊峡水库投入运用后对黄河下游带来的问题和三门峡水库有限的防凌库容,为减轻三门峡水库的防凌负担,确保宁蒙河段和黄河下游防凌安全,1989 年 1 月经国务院同意,国家防汛总指挥部(简称国家防总)授权黄河防汛总指挥部(简称黄河防总)负责凌汛期全河防凌期水量统一调度(黄河防凌与调度,翟家瑞,中国水利,2007 年)。

"黄河凌汛是关系到上下游沿河两岸发展经济和广大人民群众生命财产安全的大事。由于造成凌汛灾害的原因比较复杂,需要通过调节水量,减轻凌汛灾害。"1989 年 1月,国家防总通知(国汛〔1989〕1 号)明确"凌期黄河防汛总指挥部根据气象、水情、冰情等因素,在首先保证凌汛安全的前提下兼顾发电,调度刘家峡水库的下泄水量。"即由黄河防汛总指挥部负责统一调度黄河凌汛期间全河水量。1989 年 2 月(国汛〔1989〕2 号)进一步明确"上游凌汛从流凌开始至内蒙古河段凌汛结束,相应刘家峡水库泄流时间为11 月 1 日至第二年 3 月 31 日。""同意你部采取月计划、旬安排的方式,调度刘家峡下泄流量。"1989 年 10 月,国家防总批转了《黄河刘家峡水库凌汛期水量调度暂行办法》(国汛〔1989〕22 号),规范管理凌汛期间刘家峡水库水量调度。

为防御黄河冰凌洪水,每年凌汛前针对不同的水库蓄水、来水预报、气温预报、河道状况等,黄河防总制订年度"黄河防凌预案",提出刘家峡水库凌汛期下泄流量方案;凌汛结束后,针对当年实际发生的凌汛情况,进行年度"黄河防凌工作总结""技术总结",分析凌汛期间的水库调度、河段险情灾情,提出存在的问题及建议,这为上游河段防凌工程调度研究提供了良好的工作基础。

1.2.2.2　防凌调度研究

在《黄河流域防洪规划》(国务院 2008 年 7 月批复)、《黄河流域综合规划》(国务院 2013 年 3 月批复)等工作中,针对黑山峡河段工程开发方案等问题,开展了上游水库凌汛期水库控泄流量、防凌库容等工作。《黄河海勃湾水利枢纽工程初步设计报告》(水利部 2010 年 4 月批复)研究了海勃湾水库凌汛期的防凌运用原则。《黄河防御洪水方案》(2014 年 12 月国务院批复)关键技术研究中探讨了凌情等级划分指标及判别标准。《黄河内蒙古段防凌应急分洪工程可行性研究报告》中,对分凌区的建设目标任务、总体布局、分洪规模、调度原则等进行了初步分析。

为提高黄河上游梯级电站保证电量,薛金淮等研究了合理预留刘家峡水库防凌库容(水力发电学报,1997 年);针对黄河上游凌汛期河道水量调节特点,李会安等研究了刘家峡水库防凌库容与梯级出力的关系,借鉴逐步优化思想,提出了优化刘家峡水库防凌库容的方法,并建立了模拟优化模型(水利学报,2001 年);蔡琳等着重研究利用水库调节径流减轻冰凌灾害,研究了不稳定封冻河段和稳定封冻河段冰下过流能力的经验公式,并依据冰水力学理论、河冰运行规律、水冰两相流连续方程及运动方程,建立了水库防凌调度数学模型(水利学报,2002 年);综合考虑黄河上游梯级发电量和青海电网电量平衡,范会宁等建立了黄河干流上游梯级水库防凌优化调度模型,对龙羊峡水库初始水位和出库流量的控制策略相关问题进行了定量影响分析,并采用自优化模拟技术对模型求解(河南水利与南水北调,2011 年)。

1.2.3　急需解决的问题

凌情影响因素多、问题复杂,龙羊峡水库运用后,受气候变化、人类活动等多种因素影响,宁蒙河道主槽淤积萎缩、过流能力降低,河道过流能力变化直接影响冰下过流能力,影响流凌封河和开河期防凌形势,凌情出现新的变化,急需分析近期凌情变化特点、研究变化原因,开展近期河道条件变化等对凌情的影响研究等,进一步认识凌情变化规律,确定凌汛期各阶段的河道过流量,支撑上游防凌调度。

刘家峡水库距离宁蒙河段远,11 月上中旬刘家峡水库下泄流量要满足上游冬灌需要,受冬灌引退水影响,可能会形成小流量或大流量封河,过小流量封河会造成冰下过流能力低、增大凌汛期槽蓄水增量、增加开河凌洪风险,过大流量封河会形成冰塞险情,因此引退水流量大小直接影响流凌、封河甚至整个凌汛期的防凌形势。而上游引水、退水渠道多、口门多,引退水流量观测资料有限,为控制封河形势,需进一步研究冬灌引退水对流凌、封河的影响。

目前,上游水库防凌调度主要是基于水量调度的思路,重点研究刘家峡水库出库流量控制过程,龙羊峡、刘家峡水库联合防凌调度的研究多集中在凌汛期如何发挥综合利用效益,而对刘家峡水库凌汛期水位控制、水库(群)防凌控制指标的研究较少;同时对水库实际防凌调度的总结、提升不足,水库调度的经验性强。而防凌调度兼有水资源调度和防洪调度的特点,需要明确防凌河段的流量/水位等控制要求、水库至防凌河段区间流量/水量等调度指标、入库水量以及水库(群)区间水量等来确定科学合理的出库流量过程和库水位变化过程。因此,急需根据防洪调度的思路,进一步优化龙羊峡、刘家峡水库防凌调度,研究海勃湾水库凌汛期运用方式等,建立黄河上游水库防凌调度技术体系,降低上游凌灾风险,减小凌灾损失。

1.3　研究范围、目标及技术路线

1.3.1　研究范围

研究的凌汛期时间从 11 月 1 日起至翌年 3 月 31 日,研究河段为黄河上游,重点是宁蒙河段。

考虑的防凌工程,包括河防工程、水库工程和防凌应急分洪区等。其中,河防工程主要指宁蒙河段两岸堤防及河道整治工程;水库工程包括龙羊峡水库、刘家峡水库和海勃湾水库;防凌应急分洪区包括乌兰布和、河套灌区及乌梁素海、杭锦淖尔、蒲圪卜、昭君坟、小白河 6 个分凌区。

1.3.2　研究目标

分析黄河上游宁蒙河段凌情特征及变化,分析凌汛成因,研究河道凌情变化规律;分析凌汛期各阶段防凌安全控制流量,研究冬灌引退水规律,提出水库至宁蒙河段区间流量过程;分析评估现状龙羊峡、刘家峡水库防凌调度方式,总结水库防凌调度经验,建立龙羊峡、刘家峡水库联合防凌调度模型,优化龙刘水库联合防凌调度方案;研究海勃湾水库防凌调度方案、分凌区应急调度方案,提出龙羊峡水库、刘家峡水库、海勃湾水库和应急分凌区联合防凌调度方式,为宁蒙河段防凌调度提供技术支撑。

1.3.3　技术路线

首先开展资料收集整理、地形测量、冰情观测和现场调研等基础工作,充分学习以往研究成果,熟悉水库实际调度情况。然后开展黄河上游宁蒙河段凌情变化规律分析,明晰黄河上游宁蒙河段现状防凌形势;分析宁蒙河段防凌安全控制时段和关键指标,研究刘家峡水库至宁蒙河段区间流量变化,提出上游防凌安全控制要求;总结龙羊峡、刘家峡水库防凌调度经验,优化龙刘两库防凌调度方式,开展海勃湾水库、应急分凌区防凌调度研究,形成库群联合防凌补偿调度关键技术,支撑黄河上游防凌调度工作。针对宁蒙河段现状防凌形势,通过水库、应急分凌区的防凌调度研究优化防凌工程联合防凌调度方式,进一步提高宁蒙河段防御冰凌洪水的能力。

黄河上游宁蒙河段凌情变化规律研究。根据实测资料计算分析气温、流量、水位、槽蓄水增量、冰厚等凌情特征指标,依据上游水库建设时间分年段分析不同时期、凌汛期不同阶段宁蒙河段的凌情变化规律,总结归纳龙羊峡水库运用后近期凌情特点;从动力、热力和河道边条件三个方面分析凌汛成因,分析各因素对凌情变化的影响,针对近期凌情特点分析说明凌汛变化的主要原因,总结归纳上游宁蒙河段凌情变化规律。

上游河道防凌控制指标研究。依据实测资料统计和理论计算,分析宁蒙河段凌汛期冰下过流能力,分析是否发生冰塞、冰坝年份的动力和河道边界特点,通过多种方法分析确定凌汛期不同阶段宁蒙河段安全控制流量,提出宁蒙河段不同平滩流量下适宜的封河流量和稳封期控制流量等。分析刘家峡—宁蒙河段区间来水、冬灌引退水,建立稳封期刘家峡出库与宁蒙河段流量的关系,分析开河期槽蓄水增量释放量,提出凌汛期不同阶段刘家峡水库的防凌控泄流量。同时根据刘家峡水库实际控泄流量与宁蒙河段凌情的对应关系分析等进一步确定刘家峡水库凌汛期各阶段控泄流量。

上游防凌工程调度主要通过对龙羊峡水库、刘家峡水库、海勃湾水库和内蒙古河段6个应急分凌区调度的研究,提出上游防凌工程的联合调度方式。

龙羊峡、刘家峡水库联合防凌调度。首先对龙羊峡、刘家峡水库的实际防凌调度进行分析,根据宁蒙河段凌情随时间的发展变化,将凌汛期刘家峡水库防凌调度分为多个阶段,并分阶段研究龙羊峡、刘家峡水库联合防凌调度特点,刘家峡水库防凌调度与宁蒙河段凌情的对应关系,不同来水年份龙刘水库联合防凌调度特点等,评价近期水库防凌调度情况,总结经验、分析存在问题。其次分析近期可能出现的气温和河道过流条件等,拟订不同的情景方案及控泄流量方案,构建龙羊峡、刘家峡水库联合防凌调度模型,拟订不同联合运用方式,进行长系列和典型年调节计算,分析各情景不同运用方式龙羊峡水库水位、刘家峡水库防凌库容、上游梯级发电等,综合分析比较提出龙羊峡、刘家峡水库联合防凌调度方式。

海勃湾水库防凌调度。在龙羊峡、刘家峡水库防凌运用的基础上,根据海勃湾水库设计防凌运用方式、库容条件、内蒙古河段的防凌需求等,研究凌汛封开河阶段的水库控泄流量、运用水位和防凌库容分配,提出海勃湾水库应急防凌运用方式。

应急分凌区防凌调度。根据应急分凌区的位置和规模,内蒙古河段的凌灾特点和槽蓄水增量的分布、释放情况,研究各应急分洪区的运用方式。

根据各防凌工程的作用和局限,按照上控、中分、下排的总体思路,分析龙羊峡水库、刘家峡水库、海勃湾水库和应急分凌区的联合运用方式。

项目技术路线见图1-1。

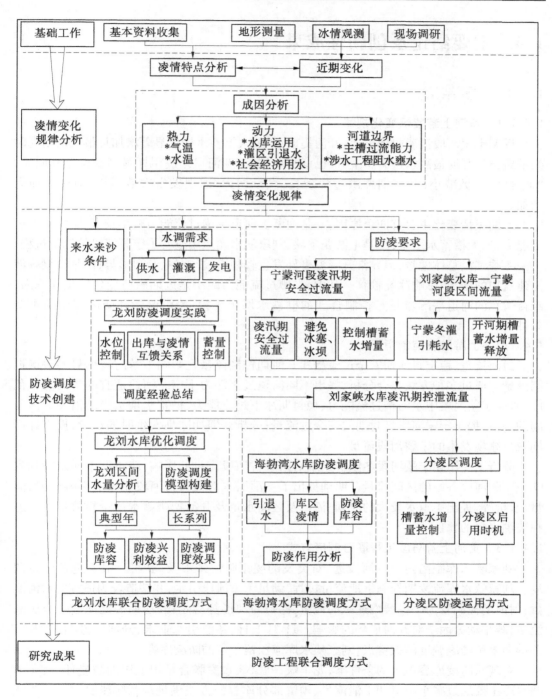

图 1-1　技术路线

1.4 主要结论及创新性成果

1.4.1 主要结论

1.4.1.1 黄河上游凌情变化规律

近期宁蒙河段流凌封河推迟,开河提前;年最大槽蓄水增量显著增加且最大值出现时间推后;封、开河最高水位有所上升,巴彦高勒站、三湖河口站凌汛期最高水位上升明显;"武开河"次数减小,开河期凌洪过程延长,洪量增大;冰坝发生次数减少,但凌灾损失增加。

近期凌情变化主要有四个原因:一是内蒙古河道主槽过流能力减小较多,影响冰下过流能力,加大槽蓄水增量;二是上游龙羊峡、刘家峡水库运用改变了宁蒙河段的流量过程;三是冬季气温总体偏暖,但异常升降温事件发生较频繁,影响封、开河形势;四是桥梁等涉河建筑物的增加,影响冰凌输移。其中,主槽过流能力减小是近期凌情变化的重要原因,维持适宜的河道平滩流量是控制合理的槽蓄水增量规模、凌洪流量和防凌安全的重要条件。

1.4.1.2 上游防凌控制指标

封河流量、稳定封河期安全过流量和开河期控制流量是影响上游防凌形势的关键控制流量。通过多种方法综合分析,提出不同河道过流能力下宁蒙河段适宜的封河流量范围;研究宁蒙河段中水河槽过流能力、稳封期冰下过流能力、槽蓄水增量等凌情关键因子间的关系,提出宁蒙河段稳封期的安全过流量;分析开河期冰坝发生时的流量,提出开河期减少冰坝发生的宁蒙河段流量。

分析了凌汛期宁蒙河段冬灌引退水对内蒙古河段流量的影响,凌汛期不同阶段刘家峡—宁蒙河段各站的区间流量。明确提出了冬灌引水对内蒙古河段流量的影响时段、流量、水量等,提出了退水较大的时间、流量及区间水量及开河期槽蓄水增量释放量占头道拐凌洪水量的比例。

1.4.1.3 黄河上游防凌工程联合调度方式

刘家峡水库距离内蒙古河段远,对突发的凌汛险情来不及调度,一般不进行应急调度。刘家峡水库流凌期控制下泄流量过程,满足宁蒙河段引水,并塑造较为适宜的封河流量;封河期控制较为平稳缓慢递减的流量,保持封河形势稳定;开河期关键期进一步压减流量,减小动力因子对开河形势的影响。11月1日、冬灌引水期末、开河关键期前、开河关键期末是防凌调度的关键点,刘家峡水库应预留一定的防凌库容。

在现状防凌库容不足的条件下,龙羊峡、刘家峡水库联合承担上游的防凌任务,龙羊峡水库主要通过减小凌汛期下泄流量、预留部分库容的方式满足现状防凌要求。龙羊峡水库对凌汛期下泄水量进行控制,根据刘家峡水库蓄水及下泄流量控制凌汛期下泄流量。

在刘家峡水库防凌运用的基础上,海勃湾水库运用初期主要用于控制适宜封河流量和应急防凌,提出流凌封河期控制下泄流量使内蒙古河段以适宜流量封河,稳封期尽量腾出库容、开河期进一步控泄的海勃湾水库防凌调度方式。

河套灌区及乌梁素海、乌兰布和分洪区承担内蒙古河段的应急分凌任务,当发生凌汛险情或高水位持续时间长、槽蓄水增量较大时,分凌减小河道流量;其余四个分洪区承担附近河段的应急分凌任务。

1.4.2　创新性成果

(1)揭示了河道平滩流量和凌汛期冰下过流能力、槽蓄水增量、凌洪流量的复杂响应规律,明确了凌情变化的主要影响因素,提出了维持适宜的河道平滩流量是控制合理的槽蓄水增量规模、凌洪流量和防凌安全的重要条件。

(2)创建了流凌封河期、稳定封河期、开河期等凌汛期三个关键阶段的防凌控制流量分析方法,提出了不同河道条件下凌汛期三个阶段的防凌控制流量指标。

(3)构建了应对下游河道凌汛的串联水库群联合防凌补偿调度技术,提出了刘家峡水库凌汛期内不同阶段的预留防凌库容和龙羊峡水库凌汛期初始控制水位,优化了现状龙刘水库联合防凌运用方式。

第2章　黄河上游河道凌汛及防凌工程概况

2.1　黄河上游河道凌汛概况

2.1.1　上游河道概况

黄河是我国第二大河,发源于青藏高原巴颜喀拉山北麓海拔 4 500 m 的约古宗列盆地,流经青海、四川、甘肃、宁夏、内蒙古、陕西、山西、河南、山东等 9 省(自治区),在山东省垦利县注入渤海。干流河道全长 5 464 km,流域面积 79.5 万 km²(包括内流区 4.2 万 km²)。黄河流域位于东经 95°53′~119°05′、北纬 32°10′~41°50′,西起巴颜喀拉山,东临渤海,北抵阴山,南达秦岭,横跨青藏高原、内蒙古高原、黄土高原和华北平原等四个地貌单元,地势西部高、东部低,由西向东逐级下降。

黄河水系的特点是干流弯曲多变、支流分布不均、河床纵比降较大,流域面积大于 1 000 km² 的一级支流共 76 条,其中流域面积大于 1 万 km² 或入黄泥沙大于 0.5 亿 t 的一级支流有 13 条。根据水沙特性和地形、地质条件,黄河干流分为上游、中游、下游等河段,各河段特征值见表 2-1。

表 2-1　黄河干流各河段特征值

河段	起讫地点	流域面积 (km²)	河长 (km)	落差 (m)	比降 (‰)	汇入支流 (条)
全河	河源至河口	794 712	5 463.6	4 480.0	8.2	76
上游	河源至河口镇	428 235	3 471.6	3 496.0	10.1	43
	1. 河源至玛多	20 930	269.7	265.0	9.8	3
	2. 玛多至龙羊峡	110 490	1 417.5	1 765.0	12.5	22
	3. 龙羊峡至下河沿	122 722	793.9	1 220.0	15.4	8
	4. 下河沿至河口镇	174 093	990.5	246.0	2.5	10
中游	河口镇至桃花峪	343 751	1 206.4	890.4	7.4	30
下游	桃花峪至河口	22 726	785.6	93.6	1.2	3

注:1. 汇入支流是指流域面积在 1 000 km² 以上的一级支流。

2. 落差以约古宗列盆地上口为起点计算。

3. 流域面积包括内流区,其面积计入下河沿至河口镇河段。

黄河上游河道自河源至内蒙古托克托县的河口镇,干流河道长 3 472 km,流域面积 42.8 万 km²,汇入的较大支流(流域面积大于 1 000 km²,下同)有 43 条。龙羊峡以上河段是黄河径流的主要来源区和水源涵养区,也是我国三江源自然保护区的重要组成部分。玛多以上属河源段,地势平坦,多为草原、湖泊和沼泽,河段内的扎陵湖、鄂陵湖,海拔在4 260 m以上,蓄水量分别为47亿 m³和108亿 m³,是我国最大的高原淡水湖;玛多至玛曲区间,黄河流经巴颜喀拉山与阿尼玛卿山之间的古盆地和低山丘陵,大部分河段河谷宽阔,间有几段峡谷;玛曲至龙羊峡区间,黄河流经高山峡谷,水量相对丰沛,水流湍急,水力资源较丰富;龙羊峡至宁夏境内的下河沿,川峡相间,落差集中,水力资源十分丰富,是我国重要的水电基地;下河沿至河口镇,黄河流经宁蒙平原,河道展宽,比降平缓,两岸分布着大面积的引黄灌区,沿河平原不同程度地存在洪水和冰凌灾害,特别是内蒙古三盛公以下河段,是黄河自低纬度流向高纬度的河段,凌汛期间冰塞、冰坝壅水,往往造成堤防决溢,危害较大。

　　黄河上游宁夏内蒙古河段全长1 203.8 km(宁夏南长滩至石嘴山长380.8 km,内蒙古石嘴山至马栅长823 km),位于黄河流域最北端,是黄河凌汛灾害最为严重的河段,上游河道凌情主要研究宁蒙河段,特别是内蒙古河段。宁蒙河段河道基本特性见表2-2,宁蒙河段地理位置见图2-1。

表 2-2　黄河上游宁蒙河段河道基本特性

河段	河型	河长 (km)	平均河宽 (m)	主槽宽 (m)	比降 (‰)	弯曲率
南长滩—下河沿	峡谷型	62.7	200	200	0.87	1.8
下河沿—白马	非稳定分汊型	82.6	915	520	0.80	1.16
青铜峡库区	库区	40.9				
青铜峡—石嘴山	游荡型	194.6	3 000	650	0.18	1.23
石嘴山—旧磴口	峡谷型	86.4	400	400	0.56	1.5
三盛公库区	过渡型	54.2	2 000	1 000	0.15	1.31
巴彦高勒—三湖河口	游荡型	221.1	3 500	750	0.17	1.28
三湖河口—昭君坟	过渡型	126.4	4 000	710	0.12	1.45
昭君坟—头道拐	弯曲型	184.1	上段3 000 下段2 000	600	0.10	1.42
头道拐—马栅	峡谷型	150.8				
合计		1 203.8				

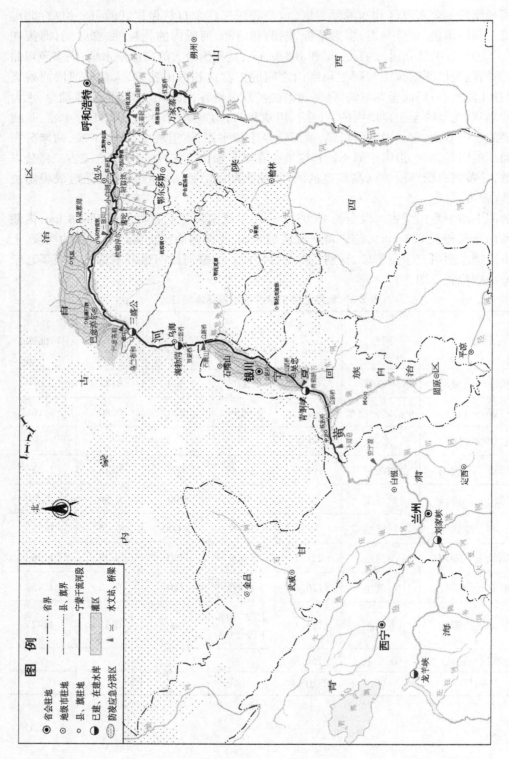

图 2-1　黄河宁蒙河段地理位置

黄河宁夏段自中卫南长滩起,至石嘴山市头道坎止,全长 380.8 km,偏东转偏北流向,跨北纬 37°17′ ~ 39°23′。境内河势差异明显,下河沿以上 62.7 km 为峡谷段;下河沿至青铜峡 122.6 km,河道迂回曲折,河心滩地多,该河段河宽 0.2 ~ 3.3 km,比降 0.8‰ ~ 0.9‰,为粗砂卵石河床;青铜峡至石嘴山河段河宽 0.2 ~ 5.0 km,比降 0.1‰ ~ 0.2‰,为粗砂河床,该河段大部分属于干旱地区,降水量少,蒸发量大,加之灌溉引水量大,且无大支流加入,黄河水量有所减少。

黄河内蒙古段,地处黄河流域最北端,介于东经 106°10′ ~ 112°50′、北纬 37°35′ ~ 41°50′。干流从宁夏的石嘴山入境,至伊克昭盟准格尔旗马栅乡出境,全长 823 km。从石嘴山市入境至巴彦淖尔盟磴口县河道流向大致是西南流向东北,磴口县至包头市基本自西向东,包头市至清水河县喇嘛湾由西北流向东南,以下至出境基本自北向南,内蒙段总的呈“∩”形大弯曲。由于上游流经黄土高原及沙漠边缘,河水含沙量剧增,致使河床落淤抬升,河身逐渐由窄深变为宽浅,河道中浅滩弯道叠出,坡度变缓。

黄河宁蒙段,河流摆动剧烈,游荡性河段较长,大部分属于冲积性河道。20 世纪 90 年代以来,宁蒙河段来水持续偏枯,加上龙羊峡、刘家峡水库汛期大量蓄水,显著地改变了年内径流分配,使宁蒙河段水沙关系趋于不利。特别是内蒙古河段由于境内十大孔兑发生的高含沙洪水汇入黄河等原因,水沙比例失调,造成河床淤积严重,使宁蒙河段成为继黄河下游之后的又一地上悬河。同时,主槽严重萎缩,河道形态恶化,平滩流量由 1986 年前的 4 000 m³/s 左右减小为 2 000 年以后的 1 500 m³/s 左右,近期 2012 年、2018 年大水年后,平滩流量回复到 2 000 m³/s 左右。平滩流量减小,河势摆动加剧,严重威胁防洪防凌安全。

2.1.2　凌汛概况

黄河宁夏内蒙古河段地处黄河流域最北端,大陆性气候特征显著,冬季干燥寒冷,常为内蒙古高压所控制。气温在 0 ℃ 以下的时间可持续 4 ~ 5 个月,其中头道拐站极端最低气温 1988 年 1 月 1 日达 –39 ℃。黄河宁夏内蒙古河段干流几乎每年都会发生不同程度的凌情。凌汛期一般从 11 月中下旬开始流凌,12 月上旬封冻,翌年 3 月中下旬解冻开河,封冻天数一般约 110 d,最长达 150 d 以上。黄河宁蒙河段封河长度一般约 800 km,其中内蒙古封河长度 700 km 以上;而宁夏河段历年封河长度不等,龙羊峡水库建成后,一般不超过 200 km。

由于黄河宁蒙河段水流流向为由低纬度流向高纬度且受阴山山脉影响,冬季气温上暖下寒,封河自下而上;翌年春季气温南高北低,开河自上而下。流凌封河期,河段下段先封河,水流阻力加大,上段流凌易在封河处产生冰塞,壅水漫滩,严重时会造成堤防决口;开河期,上游先开河,下游仍处于封冻状态,上游大量冰水沿程汇集拥向下游,极易在弯曲、狭窄河段卡冰结坝,壅高水位,造成凌汛灾害。

黄河宁夏河段南长滩至枣园河道呈西南东北流向,为坡陡流急的峡谷型河道,是不常封冻河段,一般只有冷冬年才封河;枣园至麻黄沟河道自南向北而流,坡小流缓且气温低,为常封冻河段。青铜峡水库、刘家峡水库运用以后,河道的流量增大、水温升高,致使少封河段下延至中宁县白马,同时青铜峡水库坝下 40 ~ 90 km 河段也成为了少封河段。

　　黄河内蒙古河段河宽坡缓、弯道多、弯曲度大,河道比降"上大下小至包头,而后再沿程又加大",河床由上游窄深逐渐向下游变为宽浅。三湖河口至包头河段有明显的平原河床特性,比降仅为 0.089‰ ~ 0.117‰。万家寨水库运用前,万家寨至拐上河道因比降大、流速大,一般不封冻,以流凌为主,仅有岸冰和流冰花。万家寨水库运用后,库区水面比降和回水末端流速变小,使得输冰能力变小,容易发生卡冰和冰塞,并向上游延伸,原来不常封冻河段成为了封冻河段。

2.1.3　凌汛灾害

2.1.3.1　凌汛灾害概况

　　宁蒙河段冰凌洪水灾害发生频繁,凌汛期时有堤防决口,给沿岸广大人民群众的生命财产造成了巨大的损失。据统计,1950 ~ 1967 年、1968 ~ 1986 年、1987 ~ 2010 年内蒙古河段发生凌汛堤防决口分别为 4 次、1 次、8 次,给沿岸广大人民群众的生命财产造成巨大损失。例如,2007 ~ 2008 年度凌汛期间,黄河宁蒙河段遭遇了极为严重的凌汛,鄂尔多斯市杭锦旗独贵特拉奎素段先后发生两处堤防溃口,1.02 万人受灾,经济损失达 9.35 亿元。可见,目前黄河宁蒙河段的防凌(防洪)问题十分突出,对工程和非工程对策研究的需求十分迫切。尽管龙羊峡、刘家峡水库建成运行后,大大缓解了宁蒙河段的凌汛威胁,但鉴于工程条件和凌情的复杂性,宁蒙河段凌汛形势依然严峻。1968 年以来发生较大凌汛灾害情况如下。

　　1. 宁夏河段

　　(1)1974 年 3 月 14 日 14 时石嘴山站开河后,下游 20 km 九店湾于当日水鼓冰开,结成冰坝,15 日拖垮后,在其下游(乌达桥上游约 5 km)又结坝,3 月 16 日拖垮,坝高达 3 m,壅水 5 ~ 6 m,坝长 5 ~ 7 km。开河凌洪迅猛向下游推进,冰坝接连出现乌达铁路桥下游 40 km,左岸阿拉善左旗巴音木公社浩勒宝、巴音套海,中滩 3 个大队的杨寺滩、少不来沟滩、中滩等于 15 日受淹,出现严重灾害,共淹地约 6 000 亩(1 亩 = 1/15 hm², 全书同),倒塌房屋 260 间、损失粮食 1 万 kg 等,经多方组织全力抢险,至 17 日滩上 431 名居民全部脱险。

　　(2)1975 年开河期 3 月 2 日石嘴山惠农农场二站河段出现冰坝壅水,以及下游中滩冰坝壅水,淹没耕地 3 720 亩,淹没砖窑 2 个,防洪堤决口,冲走土方约 1 万 m³。

　　(3)1993 年、1998 年元月封河时,青铜峡库区冰塞,壅水位接近 1981 年大洪水时水位,青铜峡鸟岛上水,中宁、渠口农场等地直接经济损失达 400 多万元。

　　(4)2005 年 2 月银川河段封河时,河道流量 600 m³/s,银川黄河大桥最高水位 1 108.58 m,比封河前上涨 1.9 m,比 1981 年大洪水时水位高 0.37 m,银川黄河大桥下游 2 km 的宁东水源泵施工围堰受到威胁。

　　(5)2007 ~ 2008 年度凌汛期,黄河宁夏河段 260 km 封河,封河水位骤涨 1 ~ 2 m,部分河段接近 1981 年大洪水水位、中卫至惠农沿河 10 县(市)及渠口农场不同程度遭受凌灾,有 350 km 多堤防遭受冲淘破坏,约 22.5 万亩农田、约 7 500 亩鱼池被淹,约 30 万亩滩地漫水。10 座扬水站受淹设备被毁,5 km 输电线路受损,1 000 余座建筑物损坏,先后有 3 400 人受到威胁。开河期,由于水位回落迅速。中宁、吴忠等地 100 多 m 堤防出现裂缝、滑塌,10 余座坝垛受冰凌冲撞塌陷,凌灾造成经济损失近亿元。

2. 内蒙古河段

(1)1981 年 12 月,乌前旗西柳匠段封河期水位突涨,堤防溃决,淹没耕地 500 余亩,淹没房屋 897 间,淹死大小牲畜 15 头(只),损失口粮 6.2 万斤。

(2)1988 年 12 月,磴口渡口、粮台乡封河期形成冰塞涨水,堤防溃决,淹没耕地 0.75 万亩,受灾人口 0.02 万。

(3)1990 年 2 月 6 日,由于包(包头)神(神木)铁路桥(昭君坟站下游 21.5 km)束冰,在其上游形成冰坝,水位壅高距堤顶 30 cm(当时昭君坟实测流量为 800 m³/s)时,达拉特旗大树湾穿堤涵洞破损引起堤防渗水,致使堤防决口,淹没耕地 2 万余亩,倒塌房屋 100 间,受灾人口 2 842。

(4)1993 年 2 月 19 日,乌前旗金星乡白土圪卜段开河期主河形成冰塞涨水,堤防出现多处渗漏,在堤防桩号 166 + 850 处穿堤涵洞窜漏决口,淹没 5 个自然村及周围农田,受灾面积 12 km²,淹没农户 368 户,倒塌房屋 186 户,受灾人口 1 617,损失粮食 98.7 万斤、化肥 20 t,淹死牲畜 635 头(只),淹没耕地 5 300 亩,直接经济损失达 562.9 万元。1993 年 12 月,磴口段拦河封河期水位急剧上升,到 12 月 6 日,闸上水位已高达 1 054.62 m,达到拦河闸运行 32 年来的最高水位。闸下水位也升至 1 054.4 m,超过该枢纽工程千年一遇的设防标准防洪水位。7 日晚 8 时闸下 3 + 300 处堤防决口。到 12 日凌晨决口堵复。此次凌洪,使磴口县粮台、渡口两个乡 8 个村,32 个社、1 747 户、9 448 人受灾,其中成灾严重的有 22 个社、1 512 户、7 486 人,倒塌房屋 803 户,严重损坏房屋 709 户,大水冲毁干渠工程 15 座,支、斗渠闸 36 座,农毛渠闸 1 100 座,农用桥涵 90 座。5 所学校房屋设施损坏。冲毁鱼种场和蜜瓜种子繁育基地;冲毁磴头公路 3.6 km;28 个社农用电设施严重损坏,损坏主线路 20 km;淹死大小牲畜 5 268 头(只);损失粮食 108.9 万 kg;损坏农机具折合人民币 4.6 万元,损失化肥 3 918 t,水毁砖瓦窑 4 座。

(5)1994 年 3 月 20 日,达旗乌兰段蒲圪卜堤防 271 + 400 因凌水漫顶,造成乌兰乡 10 个村(社)受淹,直接经济损失达 19 万元。在乌拉特前旗西柳匠段堤防决口成灾。

(6)1996 年 3 月 5 日,乌海市黄柏茨湾(海勃湾拟建水库库区、距海勃湾坝址约 13 km)产生冰坝,冰坝长度约 7 km,最高处达 4~5 m,冰坝上游 5 km 处的乌达铁路桥水位为 1 074 m,达历史最高洪水位。晚 22 时,位于乌达公路桥上游 200~800 m 处黄河左岸堤防 4 处被冰块冲撞决口,损坏堤防 1.5 km,损坏房屋面积 2 660 m²,凌汛灾害造成的直接经济损失达 420 万元(当年价格)。3 月 25 日,三湖河口—昭君坟段鄂尔多斯市达拉特旗乌兰乡万新林场堤防桩号 261 km 处出现冰坝,水位上涨迅猛,晚 20 时水位上涨了 1.9 m,超过百年一遇洪水位,致使凌水漫顶而过,260 + 500 处堤防决口。3 月 26 日 10 时,三湖河口站流量 1 490 m³/s,相应水位 1 020.31 m 相当于畅流期 6 500 m³/s 流量时的水位,超过百年一遇洪水位,比 1981 年大水最高洪水位还高 0.37 m。3 月 28 日,达旗解放滩二亮子圪旦也发生决口,达旗乌兰、解放滩段堤防两处决口,淹没 9 个村庄,39 个社耕地 7.35 万亩,草场 2.1 万亩;致使 2 510 间房屋进水,其中 1 165 间房屋倒塌,造成危房 1 345 间,倒塌校舍 2 438 m²,棚圈 4 643 处;损失粮食 3 650 t、饲草 1 690 t、化肥 1 449 t、种子 207 t,死亡牲畜 3 106 头(只),造成直接经济损失 6 940 万元(当年价格)。

(7)1998 年 3 月 19 日,包头土右旗团结渠口卡冰结坝,壅高凌水 2.0 m,断堤 50 m,造成附近村庄、农田受淹。

(8)2001 年 12 月 13 日 23 时,黄河封冻到乌海市碱柜上游约 4 km 处时,封河期间气温回升,造成封河界面向下游移动,下游冰下过水能力不能满足上游来水,致使水位迅速上涨,产生冰塞。17 日凌晨,水位最高涨幅达到 2 m 以上,距堤顶 1.5 m 左右,堤防长时间在高水位下浸泡。于 2001 年 12 月 17 日 9 时 25 分黄河乌达铁路桥下 10 km 处乌兰木头民堤溃决(决口宽达 40 m),造成凌汛灾害,受淹面积近 50 km², 淹水深 0.5 ~ 2.0 m,涉及一乡一镇的 5 个村,3 个养殖场,2 所学校,13 个加工厂,有 900 户共 4 000 人受灾,直接经济损失达 1.3 亿元(当年价格)。

(9)2008 年 3 月 20 日凌晨 1 时 50 分和 3 时 45 分,鄂尔多斯市杭锦旗独贵特拉奎素段黄河大堤先后发生两处溃堤,桩号分别为 193 + 900 和 196 + 255,口宽分别为 59 m、87 m。据不完全统计,本次共有 2 个乡(镇)小村 51 个社不同程度地遭受凌水灾害。淹没面积 106 km²,受灾 3 885 户,受灾人口累计达 1.024 1 万,倒塌房屋 2.05 万间,倒塌棚圈6 939 处,276 户个体工商户被冲被淹,受灾耕地 8.10 万亩,冲毁堤防 200 m,冲毁公路272 km,冲毁排水干沟 21 km,渠道 36 km,排、扬水站 3 座,机电井 1 047 眼,输电线路 831km,造成总的经济损失达 9.35 亿元。

2.1.3.2　凌汛灾害特点

宁蒙河段受特定的地理环境,以及气温、来水流量、灌区引退水等因素的影响,使得黄河宁蒙河段(主要为内蒙古河段)凌情十分复杂多变。

宁蒙河段凌灾主要发生在封、开河期且大部分凌汛灾害发生在开河期;封河期冰塞灾害多发生在 12 月,开河期冰坝灾害多发生在 3 月;约 50% 的冰塞险情发生在石嘴山—巴彦高勒河段,53.4% 的冰坝险情发生在三湖河口—头道拐河段。宁蒙河段蜿蜒曲折,局部易发生卡冰河段较多,凌灾发生地点分散;受气温、引退水等不易控因素影响较大,凌情预报难度大;发生冰塞、冰坝后,短时间内水位快速升高,凌灾突发性强;而且冰塞、冰坝历时一般小于 2 d(最长不超过 4 d、最短不到 1 d),凌汛期天寒地冻,抢险难度较大。

2.2　防凌工程概况

为了防御宁蒙河段洪水,黄河上游已修建了堤防、水库和应急分洪区等防洪防凌工程,以应急防凌为主要任务的海勃湾水库已于 2014 年建成运用。

2.2.1　河防工程

河防工程是宁蒙河段防御洪水和冰凌洪水的主要工程措施,主要包括堤防和河道整治工程。至 2007 年底,黄河宁蒙河段共有各类堤防长 1 453 km(不含三盛公库区围堤),其中干流堤防长 1 400 km、支流口回水段堤防长 53 km;宁夏河段干流堤防长 448.1 km,内蒙古河段长 951.9 km。干流堤防中,堤顶高程低于设计堤顶高程的堤段长 997 km,占71.2%;低于 0.5 m 以上的堤段长 659 km,占 47.1%;低于 1.0 m 以上的堤段长 293 km,占 20.9%。共有河道整治工程 140 处,修建坝垛 2 194 道,工程长度 179.5 km。其中,险工 54 处,坝垛 895 道,工程长度 67.2 km;控导工程 86 处,坝垛 1 299 道,长 112.3 km。

黄河宁蒙河段干流下河沿至三盛公河段设计防洪标准为 20 年一遇,设计防洪流量为下河沿站 5 600 m³/s、石嘴山站 5 630 m³/s,堤防级别为 4 级。三盛公至蒲滩拐河段设计防洪标准左岸为 50 年一遇、设计防洪流量为石嘴山站 6 000 m³/s、堤防级别为 2 级;右岸除达旗电厂附近堤段设计防洪标准为 50 年一遇、堤防级别为 2 级外,其余堤段设计防洪标准为 30 年一遇、堤防级别为 3 级。根据《黄河内蒙古河段近期防洪工程建设可行性研究报告》,内蒙古河段的堤防设计水位按照汛期和凌汛期水面线的计算结果综合分析确定,主要控制断面 2015 年水平设计水位见表 2-3。

表 2-3　内蒙古河段主要控制断面 2015 年水平设计水位

水文站	汛期 50 年一遇洪水位 (m,黄海高程系)	汛期 30 年一遇洪水位 (m,黄海高程系)	凌汛期水位 (m,黄海高程系)
巴彦高勒	1 053.60	1 053.54	1 054.64
三湖河口	1 019.83	1 019.79	
昭君坟	1 007.19	1 007.13	1 008.15
头道拐	991.40	991.36	

2010 年国家发展和改革委员会批复了《黄河宁夏河段近期防洪工程建设可行性研究报告》《黄河内蒙古河段近期防洪工程建设可行性研究报告》的堤防工程和河道整治工程建设安排。宁夏河段安排加高培厚堤顶欠高 0.5 m 以上的连续堤防 114.0 km,支流新建回水段堤防 47 km;安排河道整治工程 35 处,其中续建工程 22 处,续建工程长度 13.962 km,新建工程 13 处,新建工程长度 9.252 km。内蒙古河段安排干流加高培厚堤顶欠高 0.5 m 以上的连续堤防 510.949 km,新建堤防 8.774 km,支流加高培厚堤防长 15 km,新建回水堤防 2.0 km;安排河道整治工程 38 处,其中续建工程 22 处,续建工程长度 13.80 km,新建工程 16 处,新建工程长度 10.67 km。根据安排,堤防工程和河道整治工程计划在三年内建设完成,目前建设工作已基本完成,工程建设完成后,堤防工程的达标长度将达到 70%,堤防防御洪水的能力将进一步加强。

2.2.2　水库工程

与宁蒙河段防凌相关的大型水库工程,主要包括龙羊峡水库、刘家峡水库和海勃湾水库。

2.2.2.1　龙羊峡水库

龙羊峡水库位于青海共和县、贵南县交界处的黄河龙羊峡进口处,上距黄河源头 1 686 km,距青海省会西宁市 147 km。龙羊峡水库坝址以上控制流域面积 131 420 km²,占黄河全流域面积的 17.5%。多年平均流量 650 m³/s,年径流量 205 亿 m³,多年平均输沙量 2 490 万 t,实测最大洪峰流量 5 430 m³/s。

龙羊峡水电站是黄河干流梯级龙羊峡—青铜峡区间开发规划中最上游的一个电站,主坝为混凝土重力拱坝,最大坝高 178 m。水库以发电为主,并配合刘家峡水库担负下游河段的防洪、灌溉和防凌任务。水库为 I 等工程,主要建筑物为 1 级建筑物,设计千年一遇洪峰流量 7 040 m³/s,校核可能最大洪峰流量 10 500 m³/s。水库正常蓄水位 2 600 m,相应库容 247 亿 m³;死水位 2 530 m,死库容 53.4 亿 m³;设计洪水位 2 602.25 m;校核洪水位 2 607 m,相应库容 274.2 亿 m³;有效调节库容 193.5 亿 m³,具有多年调节性能。电站总装机容量 1 280 MW,最大发电流量 1 240 m³/s。设计汛限水位 2 594 m。

龙羊峡水电站于 1976 年开工建设,1986 年 10 月下闸蓄水,1987 年 9 月首台机组投产发电,1989 年工程基本竣工,2001 年通过竣工验收。龙羊峡水库原始库容曲线见表 2-4。龙羊峡水库泄水建筑物主要有底孔、深孔、中孔和溢洪道等。

表 2-4　龙羊峡水库原始库容曲线

水位(m,大沽)	2 530	2 540	2 550	2 560	2 570	2 580	2 590	2 600	2 610
库容(亿 m³)	53.43	72.14	93.36	117.78	145.29	176.06	210.10	246.97	286.27

2.2.2.2　刘家峡水库

刘家峡水利枢纽位于甘肃省永靖县境内,下距兰州市 100 km,是一座以发电为主,兼顾防洪、防凌、灌溉、养殖、供水等综合效益的大型水利水电枢纽工程。坝址以上流域面积 18.2 万 km²,占黄河全流域面积的 24.3%。水库正常蓄水位 1 735 m,原设计死水位 1 694 m、总库容 64 亿 m³、调节库容 41.5 亿 m³,为不完全年调节水库。截至 2004 年,水库淤积泥沙量 16.32 亿 m³,目前死水位调整为 1 717 m,水库正常蓄水位下的剩余有效库容为 40.68 亿 m³,调节库容约 20 亿 m³。水库防洪标准按千年一遇洪水设计,可能最大洪水保坝(校核)。设计洪水位 1 735 m,相应库容 40.1 亿 m³(2013 年实测,下同);校核洪水位 1 738 m,相应库容 44.2 亿 m³。

电站经过增容改造,目前有 7 台机组,总装机容量 139 万 kW,最大发电流量 1 450 m³/s。2015 年 9 月,刘家峡水库洮河口排沙洞建成投入使用。表 2-5 是刘家峡水库 2013 年实测值库容曲线。刘家峡水库泄水建筑物主要有泄水道、泄洪洞、排沙洞及溢洪道等。

表 2-5　刘家峡水库 2013 年实测值库容曲线　　　　　　　　(单位:亿 m³)

水位(m,大沽)	0	1	2	3	4	5	6	7	8	9
1 700	9.32	9.85	10.38	10.90	11.43	11.96	12.61	13.25	13.90	14.54
1 710	15.19	15.83	16.48	17.12	17.77	18.41	19.33	20.25	21.16	22.08
1 720	23.00	23.92	24.84	25.75	26.67	27.59	28.70	29.90	31.35	32.61
1 730	33.86	35.11	36.37	37.62	38.88	40.13	41.44	42.83	44.21	

由于龙羊峡水库具有多年调节功能,实际运用中,龙羊峡、刘家峡水库承担了黄河水资源配置的重任,凌汛期刘家峡水库控制泄量,减轻内蒙古河段防凌压力。自 1968 年投入运用以来,特别是防总国汛〔1989〕22 号文《黄河刘家峡水库凌期水量调度暂行办法》颁布以后,凌汛期刘家峡水库下泄水量采用月计划、旬安排的调度方式,提前五天下达次月的调度计划及次旬的水量调度指令,下泄流量按旬平均流量严格控制,各日出库流量避免忽大忽小,日平均流量变幅不能超过旬平均流量的 10%。龙羊峡、刘家峡水库的运用

有效改善了宁蒙河段凌汛动力条件和石嘴山以上河段的热力条件,对凌汛期防凌具有较为显著的作用。但龙羊峡、刘家峡水库的运用,拦蓄了汛期洪水,减少了汛期进入宁蒙河段的洪水,造成宁蒙河段尤其是内蒙古河段主槽淤积萎缩,使整个宁蒙河段的防凌形势仍较严峻。

2.2.2.3　海勃湾水库

黄河海勃湾水利枢纽位于黄河干流内蒙古自治区乌海市境内,下距三盛公水利枢纽87 km,是一座以防凌为主,兼顾发电等综合利用的水利枢纽工程,主要由土石坝、泄洪闸、电站坝等建筑物组成。水库正常蓄水位 1 076 m,死水位 1 069 m,原始总库容约 4.87 亿m³,调节库容约 4.43 亿 m³。电站设计装机容量 90 MW,年发电量 3.817 亿 kW·h。工程于 2010 年 4 月开工,2011 年 3 月截流,2012 年 6 月第一台机组投产发电,2014 年 8 月主体工程竣工运行。海勃湾水库库容较小,主要是在龙羊峡、刘家峡水库现状防凌调度的基础上,用于内蒙古河段的应急防凌调度。表 2-6 是海勃湾水库 2007 年原始库容曲线和 2016 年实测值库容曲线。海勃湾水库泄水建筑物主要有泄洪闸和排沙孔。

表 2-6　海勃湾水库 2007 年原始库容曲线和 2016 年实测值库容曲线

水位 (m,1985 国家高程基准)		1 064	1 069	1 070	1 071	1 072	1 073	1 074	1 075	1 076
库容 (亿 m³)	2007 年	0.002	0.443	0.804	1.278	1.84	2.488	3.213	4.006	4.867
	2016 年	0.002	0.253	0.520	0.899	1.408	2.061	2.797	3.583	4.411

2.2.3　应急分洪区

根据内蒙古河段的防凌需要,在内蒙古河段两岸设置了乌兰布和、河套灌区及乌梁素海、杭锦淖尔、蒲圪卜、昭君坟、小白河六个应急分洪区,各应急分洪区基本情况见表 2-7,设计总分洪库容为 4.59 亿 m³。应急分洪区是当内蒙古河段槽蓄水增量较大,或分洪区附近河段发生严重冰塞、冰坝致使水位壅高出现险情时,分滞凌汛洪水,起到减少槽蓄增量,削减凌峰,降低冰塞、冰坝壅水位,减轻凌汛灾害的作用。

表 2-7　应急分洪区基本情况

分洪区	位置	最大分洪库容(亿 m³)
乌兰布和	巴彦淖尔市磴口县粮台乡	1.17
河套灌区及乌梁素海	三盛公水利枢纽	1.61
杭锦淖尔	鄂尔多斯市杭锦淖尔乡	0.82
蒲圪卜	鄂尔多斯市达拉特旗恩格贝镇	0.31
昭君坟	鄂尔多斯市达拉特旗昭君镇	0.33
小白河	包头市稀土高新区万水泉镇和九原区	0.34

2.3　现状防凌形势分析

2.3.1　防凌非工程措施情况

2.3.1.1　水情、凌情测报预报

目前,宁蒙河段设有 6 个基本水文站观测水情,水文站平均间距 164 km,三湖河口站至头道拐站间距最大为 302 km;自动水位观测站共有 33 处,平均间隔距离为 36 km。目前,凌情观测主要有视频监测、断面定量巡测和人工巡测等方式。宁夏回族自治区在所属河段配备了视频监测设施,可以对重点河段进行凌情监视,黄河防总办公室在内蒙古河段设固定视频监测点 8 个、移动站点 1 个;黄委宁蒙水文局在防凌重点河段设立了 30 个凌情巡测断面,主要进行冰面宽度、断面水深、冰厚、冰花厚定量测量,计算封冻河段冰量以及槽蓄水量;宁夏回族自治区水文局、黄委宁蒙水文局及内蒙古自治区沿黄各级水利部门均安排专门力量,在凌汛期对封冻发展变化进行巡测,主要包括流凌、封冻、解冻发生的位置、时间及发展趋势,河段水位表现、岸冰宽度及发展变化过程,水温、气温、风向、风力等天气状况,动态巡测封、开河长度,冰塞、冰坝、河堤决口等特殊冰情。

目前,黄委水文局在宁蒙河段的冰凌预报方面已积累了一定的经验,建立了以前期水文、气象要素为因子的冰凌预报统计模型和神经网络模型,尝试性地开发了以水文学方法为主的经验性冰凌预报数学模型,初步建立了冰凌预报系统,开展了流凌日期,封、开河日期,封、开河期水文断面水位、流量等要素的定量预报。

2.3.1.2　水库调度

利用水库进行防凌调度,控制凌期河道水流平稳,是当前黄河防凌最重要的措施。经过多年的探索实践,形成了以刘家峡水库为主,龙羊峡水库配合的“总量控制,月计划、旬安排”的调度方式。其中,刘家峡水库在封河前期控制泄量,由大到小,促使宁蒙河段以适宜流量封河;封河期控制出库流量均匀缓慢递减,稳定封河冰盖,避免槽蓄水增量过度增长,为宁蒙河段顺利开河提供有利条件;开河期根据凌情及时减少下泄流量,开河关键时期压减下泄流量至 300 m³/s,减小水动力条件,减少“武开河”发生。

2.3.1.3　河道清障

为了保障河道行凌畅通,黄河防总以及省(区)防办在流凌前开展河道清障工作,河道清障对象主要是涉河施工项目的临时设施、弃土堆渣以及浮桥等严重影响行凌的障碍物。

2.3.1.4　冰凌爆破

出现紧急险情时实施冰凌爆破、疏通卡冰壅水河段,也是防凌的主要措施。目前,黄河冰凌爆破方法主要有轰炸机炸冰、重炮炸冰、冰面投掷炸药包炸冰、迫击炮炸冰和冰面上打孔放置炸药炸冰等。

2.3.2　防凌工程措施存在问题

目前,黄河上游宁蒙河段防凌工程存在以下主要问题:

（1）宁蒙河段个别河段堤防工程存在问题,河道整治工程少,主槽淤积萎缩严重。宁蒙河段堤防基本是在历次洪凌灾害过程中抢修而成,缺乏系统、全面的规划,部分堤段走线不合理,洪水流路不顺,抢险交通条件差;新修堤防工程以土堤为主,个别工程质量较差。河道整治工程数量少,基础薄弱、布局不合理,不能形成有效的河势控导体系。同时,主槽淤积萎缩严重,2010 年以后内蒙古河段平滩流量已经降至 1 500 ~ 2 000 m³/s,造成河道过流能力不足,冰凌输移困难,加重防凌压力。

（2）龙羊峡、刘家峡水库距离宁蒙河段较远,防凌调度不能完全满足防凌需求。刘家峡水库出库站小川站至石嘴山站 777.2 km,至头道拐站 1 449.4 km,凌汛期出库流量演进至石嘴山、头道拐的时间分别为 7 d、17 d,加上刘家峡—宁蒙河段区间支流和宁蒙河段灌区引退水等对流量的影响,使得龙羊峡、刘家峡水库防凌调度不能与凌情变化准确响应,不能有效控制槽蓄水增量;同时,当气温急剧波动影响凌情变化时,水库也不能解决防凌应急调度问题,不能有效减少突发凌汛险情。

另外,目前刘家峡水库的防凌库容仅有约 20 亿 m³,而龙羊峡水库按照设计方式运用时,若要满足宁蒙河段防凌要求,需要的上游水库防凌库容约为 40 亿 m³,现状情况下上游水库的防凌库容不足。

（3）凌汛期间龙羊峡、刘家峡水库防凌调度减少了上游发电、供水效益。水库防凌调度对下泄流量的控制限制了黄河上游水资源综合利用效率的提高及沿黄各省（区）电网电量结构的优化,也使得上游防凌与梯级电站发电、兰州市供水流量要求之间的矛盾较突出。以青海省为例（黄河上游防凌期水库控制运用关键技术研究,西安理工大学等,2011 年 9 月）,青海省水电装机容量占青海省总装机容量的 80% 以上,夏季青海省电力富余、弃水比较大,冬季为满足宁蒙河段防凌,龙羊峡、刘家峡水库控制下泄流量,上游梯级电站出力降低,使得青海缺电,且随着近年来青海经济发展对电力需求量的增加,缺电现象更加突出。缺电及高额电价差对青海省人民生活水平提高、社会经济可持续发展都产生了不利影响,近期随着光伏发电、风电等新能源加入,青海冬季缺电问题有所缓解。现状兰州市城市供水主水源为黄河,当黄河流量低于 300 m³/s 时,兰州市取水困难,在防凌关键期,如果刘家峡水库大幅压减下泄流量,将会影响兰州市城市供水安全。

（4）应急分洪区管理运用不规范。目前应急分洪区的启用时机、启用次序,以及应急分洪区的日常及应急运用等均较为粗放。

2.3.3　现状防凌形势

黄河上游凌汛受热力、动力和河道边界条件综合影响,凌汛期流凌封河阶段恰逢上游冬灌,引退水情况复杂;受上游来水来沙和水库调度影响,近期宁蒙河道主槽过流能力变化较大,冰下过流能力变化大,直接影响上游凌情;气温上升大背景下,极端气温事件时有发生,影响封、开河形势。

河冰生消的复杂性,宁蒙河段凌汛影响因素多、变化大等,导致对于宁蒙河段凌汛发生及演变的基础研究薄弱,如流凌封河时沿程水力和热力变化规律,河道边界条件变化对凌情影响,冰凌生消的基本规律,冰塞、冰坝的产生及演变机制,河段入流等动力条件对河段凌情的物制驱动机制等的研究均显不足。

　　现状上游凌情预报不完全满足防凌调度需求。黄河宁蒙河段现有凌情预报手段难以满足日益严峻的河段防凌工作需要,集中表现在:冬季气温预报的项目、精度和时效不能满足冰情预报需要;现有冰凌预报模型尚不能客观反映黄河冰凌的变化特点,特别是冰凌变化的物理过程,其预报精度不能完全满足黄河防凌的实际需要。

　　上游龙羊峡、刘家峡水库距离宁蒙河段较远,防凌调度不能完全满足防凌需求。海勃湾水库建成时间短、库容较小,水库防凌调度方式仍需进一步研究。上游水库防凌调度与上游梯级发电、供水等综合利用要求仍需进一步协调。应急分洪区调度、管理仍需加强。

　　应急破冰技术虽然在防凌破冰中发挥了一定的积极作用,但无论是在爆破理论应用还是在破冰附加风险方面,均存在较大弊端,尚不能保证应急破冰技术手段的科学性。

　　由于宁蒙河段各种致灾因素依然存在并不断发展变化,且沿河两岸的社会经济发展变化对防凌的要求不断提高,因此黄河上游宁蒙河段现状防凌形势依然严峻,需要进一步加强河道凌情变化规律、防凌工程调度等关键技术研究。

2.4　本章小结

　　本章介绍了黄河上游宁蒙河道基本情况、上游凌汛和凌灾的基本情况、防凌工程概况,分析了宁蒙河段防凌体系存在问题及现状防凌形势。

　　凌汛受热力、动力、河道边界条件等多种因素综合影响,问题非常复杂。黄河上游宁蒙河段大部分属于冲积性河道,主流摆动剧烈、游荡性河段较长。龙羊峡水库运用后,中水河槽淤积萎缩,河道凌情发生了新的变化。凌情基础研究薄弱,凌情预报手段不完善。龙羊峡、刘家峡水库为综合利用水库,防凌调度与发电、供水、灌溉等综合利用目标矛盾较突出,而且刘家峡水库距离防凌河段远,难以及时调控。上游河段冬灌引退水影响宁蒙河段流凌封河形势,引退水关系复杂,需要研究海勃湾水库防凌运用方式。凌汛洪水影响因素多、突发性强、难预测、难防守,需要进一步研究应急分洪区运用方式。

　　目前,黄河上游宁蒙河段现状防凌形势依然严峻,需要进一步加强河道凌情变化规律、防凌工程调度等关键技术研究。

第 3 章　黄河上游河道凌情变化规律

3.1　上游河道凌情特征及变化

宁蒙河段分为宁夏河段和内蒙古河段。其中,宁夏河段,刘家峡、青铜峡水库运用前,大柳树至枣园为不稳定封冻河段;枣园以下河段因河道比降缓、流速小、气温低,为常年封冻河段,严重冰塞、冰坝时有发生,冰情变化大而复杂。常出现冰坝地点在青铜峡谷北部、蔡家河口、石嘴山站及其下游及其附近的钢厂、电厂河段;冰塞主要出现在中宁枣园一带。刘家峡、青铜峡水库运用后,因冬季流量增大、水温增高,青铜峡以下约 100 km 河段流凌日期推迟 5 ~ 10 d,不稳定封冻段由青铜峡上游的枣园下延 20 km 到中宁新田附近;一般年份,青铜峡坝下游 40 ~ 90 km 为不封冻河段。同时,凌汛次数减少,除石嘴山峡谷段、青铜峡库区及其他一些弯窄河段,仍有些许凌汛灾害出现外,一般年份凌洪灾害不大。

鉴于刘家峡、青铜峡等水库运用后,宁夏河段的防凌问题相对较轻,因此以下主要针对内蒙古河段(石嘴山站至头道拐站河段)的凌情变化特点进行分析。

凌情特征及成因分析需要气温、水文、工程、地形等大量基础资料,其中气温、流量等水文资料主要采用整编后正式发布的气象站、水文站资料,工程资料主要采用工作调研和查勘收集的成果,地形资料采用不同年份的宁蒙河段正式测绘成果。

3.1.1　特征日期

根据《黄河宁蒙河段防凌指挥调度管理规定(试行)》,凌汛期指每年 11 月内蒙古河段开始出现流凌之日起,至翌年 3 月宁蒙河段主流全部开通之日止。根据黄河凌汛不同时期的特点,把宁蒙河段的凌汛期划分为 3 个时期,即流凌期、封河期、开河期。流凌期:年度内,从宁蒙河段首次出现流凌之日起,至首次出现封河之日止。封河期:年度内,从宁蒙河段首次出现封河之日起,至宁蒙河段气温明显回升、冰块持续出现消融之时止。开河期:年度内,从宁夏河段气温明显回升、冰块持续出现消融之时起,至宁蒙河段全部封冻河段(万家寨库区除外)主流开通之日止。根据开河期凌汛严重程度,又把开河期划分为开河初期和开河关键期两个阶段。开河初期:从宁夏河段气温明显回升、冰块持续出现消融之时起,至开河到乌海市乌达铁路桥之日止。开河关键期:从开河到乌海市乌达铁路桥之日起,至全部封冻河段(万家寨水库除外)主流贯通之日止。本次研究中涉及的凌汛期、流凌期、封河期、开河期等时期的定义均与《黄河宁蒙河段防凌指挥调度管理规定(试行)》一致。

以刘家峡水库建成运用时间(1968 年)以及龙羊峡水库建成后《黄河刘家峡水库凌期水量调度暂行办法》(防总国汛〔1989〕22 号)颁布时间(1989 年)为节点,将 1950 ~ 2015 年分为 1950 ~ 1968 年、1968 ~ 1989 年及 1989 ~ 2015 年三个年段进行统计分析(资料不全年段,以实际发生的年数进行统计,仍计入相应年段中)。鉴于万家寨水库建成运用(1998 年)后,宁蒙河段凌情特点发生变化,在部分凌情特征分析时加入了 1998 年作为额外的时间节点;同时,龙羊峡水库建成运用时间为 1986 年,为与前期统计成果协调比较,在部分凌情特征分析时也加入了 1986 年作为额外的时间节点。

依据水文站和宁蒙河段的凌情资料分别分析了凌情特征日期变化。根据水文站历年实测资料分年段统计的流凌、封河、开河日期见表 3-1。由表 3-1 可见,石嘴山站平均流凌日期由 1950～1968 年 11 月 23 日逐步推后至 1989～2015 年的 12 月 9 日,推后了近 16 d;1989～2015 年的平均封河日期为 1 月 11 日,较 1950～1968 年推后了约 19 d;平均开河日期由 1950～1968 年的 3 月 7 日逐步提前至 1989～2015 年的 2 月 21 日,提前了约 14 d。巴彦高勒站凌情特征日期的变化趋势与石嘴山站一致。三湖河口站与头道拐站的平均凌情特征日期变化不大,且两站时间相当,流凌、封河和开河分别大致在 11 月 22 日、12 月 9 日和 3 月 18 日前后。

表 3-1　宁蒙河段重要水文站流凌、封河、开河日期分年段平均统计

凌情特征日期	年段	石嘴山	巴彦高勒	三湖河口	头道拐
流凌日期	1950～1968	11 月 23 日	11 月 19 日	11 月 17 日	11 月 18 日
	1968～1989	11 月 28 日	11 月 25 日	11 月 16 日	11 月 16 日
	1989～2015	12 月 9 日	12 月 4 日	11 月 22 日	11 月 22 日
封河日期	1950～1968	12 月 24 日	12 月 5 日	12 月 1 日	12 月 19 日
	1968～1989	1 月 4 日	12 月 10 日	11 月 30 日	12 月 6 日
	1989～2015	1 月 11 日	12 月 22 日	12 月 9 日	12 月 13 日
开河日期	1950～1968	3 月 7 日	3 月 16 日	3 月 18 日	3 月 22 日
	1968～1989	3 月 4 日	3 月 18 日	3 月 24 日	3 月 24 日
	1989～2015	2 月 21 日	3 月 8 日	3 月 18 日	3 月 16 日

注:封河日期统计数据中,石嘴山站有 5 年凌汛年度未封河,头道拐站有 2 年凌汛年度未封河。

根据石嘴山—头道拐河段实测冰情特征日期分析,石嘴山—头道拐河段最早流凌和最早封河多发生在三湖河口—头道拐河段,然后向上游区段延伸;最早开河多发生在石嘴山附近而后逐渐向下游铺开。宁蒙河段分年段统计情况见表 3-2。由表 3-2 可见,河段平均流凌日期及平均封河日期略有推后,而开河时间有所提前,1950～1968 年的平均开河日期由 3 月 7 日提前至 1989～2015 年的 2 月 24 日,提前了约 12 d。

表3-2　宁蒙河段流凌、封河、开河日期统计

年段	项目	流凌日期		封河日期		开河日期	
		最早流凌	最晚流凌	河段首封	河段全封	河段首开	河段全开
1950～1968	年段平均	11月16日	11月24日	11月30日	12月27日	3月7日	3月28日
	年段最早	11月7日	11月10日	11月14日	12月7日	2月27日	3月22日
	年段最晚	11月23日	12月2日	12月14日	1月25日	3月16日	4月4日
1968～1989	年段平均	11月16日	11月29日	11月28日	1月3日	3月5日	3月28日
	年段最早	11月4日	11月13日	11月7日	12月6日	2月10日	3月20日
	年段最晚	11月27日	12月15日	12月18日	1月31日	3月18日	4月5日
1989～2015	年段平均	11月20日	12月10日	12月3日	1月10日	2月24日	3月23日
	年段最早	11月8日	11月17日	11月16日	12月25日	2月5日	3月12日
	年段最晚	12月4日	12月28日	12月30日	2月10日	3月11日	3月31日

3.1.2　流凌天数、封河天数

分年段统计宁蒙河段石嘴山、巴彦高勒、三湖河口及头道拐等4个水文站及石嘴山—头道拐河段1950～2015年的流凌天数和封河天数,见表3-3。由表3-3可见,与1950～1968年相比,头道拐站1989～2015年的平均流凌天数减少了10 d,其他三站的平均流凌天数变化不显著;石嘴山站、巴彦高勒站和三湖河口站1989～2015年的封河天数较1950～1968年分别减少了33 d、25 d和9 d,而头道拐站变化不显著。四站中三湖河口站流凌天数最短、封河天数最长,而石嘴山站流凌天数最长、封河天数最短。石嘴山—头道拐河段流凌天数逐年段有所增加,封河天数1989～2015年为110 d,较1950～1968年缩短9 d。

表3-3　宁蒙河段流凌天数及封河天数统计　　　　　　　(单位:d)

年段	项目	石嘴山	巴彦高勒	三湖河口	头道拐	石嘴山—头道拐
1950～1968	流凌天数	31	17	14	31	14
	封河天数	74	101	108	95	119
1968～1989	流凌天数	37	15	14	19	13
	封河天数	60	99	115	109	120
1989～2015	流凌天数	35	19	17	21	14
	封河天数	41	76	99	93	110

3.1.3　冰厚及封河长度变化情况

宁蒙河段1950～1951凌汛年度至2009～2015凌汛年度,历年一般冰厚、最大冰厚及

封冻长度分年段统计情况见表 3-4。由表 3-4 可以看出,内蒙古河段 1950 ~ 2015 年多年平均一般冰厚为 0.66 m、最大冰厚为 0.91 m;1989 ~ 2015 年段较 1950 ~ 1968 年段的一般冰厚减小了 0.15 m,最大冰厚减小了 0.12 m;1991 ~ 2015 年平均封冻长度为 784.42 km。

表 3-4　宁蒙河段冰厚及封河长度均值统计

凌汛年度	一般冰厚(m)	最大冰厚(m)	封冻长度(km)
1950 ~ 1968	0.73	0.91	
1968 ~ 1989	0.67	0.86	
1989 ~ 2015	0.58	0.79	784.42

注:受资料条件限制,仅统计了 1991 ~ 2015 年的封河长度值。

1991 ~ 2015 年封冻长度变化过程见图 3-1。由图 3-1 可以看出,在历年封河长度中,封冻长度整体呈现出增长趋势,略有波动;最长封冻长度前 3 位分别为 2007 ~ 2008 年(940 km)、2002 ~ 2003 年(935 km)及 2003 ~ 2004 年(910 km),均发生在 2000 ~ 2015 年。

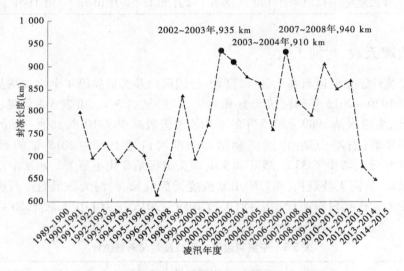

图 3-1　黄河宁蒙河段历年封冻长度变化过程

3.1.4　流量、洪量、水位、槽蓄水增量

3.1.4.1　流量、洪量变化分析

1. 首封封河流量

宁蒙河段首封位置一般在三湖河口站至头道拐站之间,个别年份在三湖河口站上游附近。为准确描述河段的封河流量并保证数据一致性,采用宁蒙河段首封日前三天三湖河口站的平均流量作为河段封河流量,其历年变化见图 3-2(其中,1986 ~ 1987 年凌汛年度,由于龙羊峡水库建成运用,封河流量仅为 71 m³/s,未列入统计计算)。由图 3-2 可见,宁蒙河段封河流量在不同年段间略有增加,但年段内变化的波动性较大。其中,1950 ~ 1968 年的平均封河流量为 532 m³/s,1968 ~ 1989 年平均值为 548 m³/s,而 1989 ~ 2015 年

平均值为 659 m³/s。

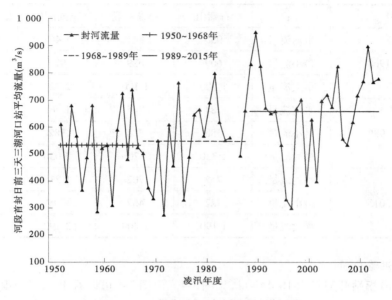

图 3-2　宁蒙河段历年首封封河平均流量

2012 年汛期黄河上游洪水较大、历时较长,内蒙古河段主槽冲刷,平滩流量达到 2 000 m³/s 左右。在此条件下,黄河上游水库群科学调度,控制宁蒙河段首封前三天三湖河口站平均流量约 870 m³/s,较 1950~2015 年(均值为 590 m³/s)偏大约 47%。

2. 凌峰流量

石嘴山、巴彦高勒、三湖河口及头道拐四站历年凌峰流量见图 3-3,分段统计结果见表 3-5。由表 3-5 可见,宁蒙河段凌峰流量自上游到下游逐渐增大;刘家峡水库运用后,石嘴山站、巴彦高勒站和三湖河口站的平均凌峰流量有较明显减小;龙羊峡水库运用后,石嘴山站、巴彦高勒站凌峰流量又略有减小;头道拐站各时期凌峰流量变化不大。

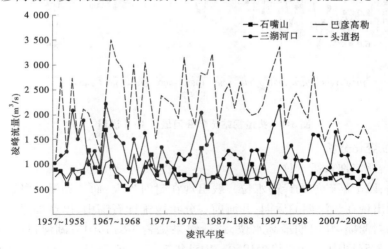

图 3-3　历年凌峰流量

表 3-5　宁蒙河段水文站凌峰流量统计　　　　　　　　　　　（单位：m³/s）

年段	项目	石嘴山	巴彦高勒	三湖河口	头道拐
1950～1968	平均流量	950	861	1 467	1 996
	最小流量	609	629	925	1 000
	最大流量	1 700	1 100	2 220	3 500
1968～1989	平均流量	784	745	1 263	2 414
	最小流量	480	528	782	1 510
	最大流量	1 330	1 200	2 050	3 210
1989～2015	平均流量	712	702	1 216	2 033
	最小流量	422	452	708	1 380
	最大流量	1 190	1 200	2 190	3 350

3. 凌峰洪量分析

统计头道拐站开河最大 10 d 洪量,见图 3-4。由图 3-4 可以看出,受多种因素的影响,头道拐站开河最大 10 d 洪量近期明显增大;尤其是 2000 年以来,除 2003 年开河最大 10 d 洪量较小外,其他年份均超过 10 亿 m³,其中 2004 年开河期头道拐站开河最大 10 d 洪量达 13.07 亿 m³,仅次于 2000 年的 15.19 亿 m³,居历史第二大。

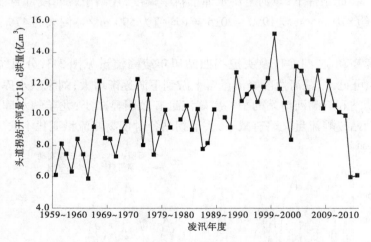

图 3-4　头道拐站历年开河最大 10 d 洪量

3.1.4.2　水位变化分析

1. 封河期、开河期最高水位

石嘴山站、巴彦高勒站的最高水位一般出现在封河当天,而三湖河口站、头道拐站的最高水位一般出现在封河期的后期、开河前。分年段统计石嘴山、巴彦高勒、三湖河口及头道拐四站的封河期、开河期最高水位,统计结果见表 3-6,其中三湖河口站历年封河期最高水位见图 3-5(图中"1950"代表1950～1951年凌汛年度,下同)。由表 3-6 可见,石嘴

山站和巴彦高勒站封河期最高水位高于开河期最高水位;石嘴山站封河期和开河期最高
水位变化不大,只有 1989～2015 年段开河期最高水位较其他时段略有降低;巴彦高勒站
封河期、开河期最高水位逐渐升高,1989～2015 年段封河期、开河期平均最高水位为
1 053.44 m、1 052.60 m,分别较 1950～1968 年段升高了约 2.71 m 和 1.66 m;三湖河口
站 1989～2015 年段与1950～1968 年段相比,封河期平均最高水位升高了约 0.50 m,开河
期最高水位差别不大。头道拐站各时期的封、开河最高水位相差不大。

表 3-6　宁蒙河段重要水文站封河期、开河期最高水位统计　　　　（单位:m）

时期	年段	石嘴山	巴彦高勒	三湖河口	头道拐
封河期	1950～1968	1 088.47	1 050.73	1 019.76	988.66
	1968～1989	1 088.71	1 052.12	1 019.56	988.74
	1989～2015	1 088.78	1 053.44	1 020.26	988.61
开河期	1950～1968	1 088.38	1 050.94	1 020.25	988.82
	1968～1989	1 088.03	1 051.44	1 019.46	988.58
	1989～2015	1 087.72	1 052.60	1 019.95	988.70

注:表中各站最高水位巴彦高勒站、头道拐站为黄海高程系,石嘴山站、三湖河口站为大沽高程系,下同。

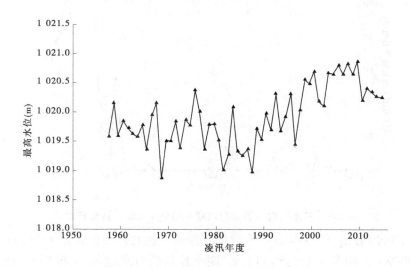

图 3-5　三湖河口站历年封河期最高水位

2.三湖河口站凌汛期最高水位及水位超 1 020 m 持续日数

根据水位资料,统计 1952～2015 年三湖河口站凌汛期最高水位及凌汛期水位超过
1 020 m(相当于平滩水位)的最长持续日数,见图 3-6 及图 3-7。

由图 3-6 可以看出,20 世纪 80 年代中期以后,三湖河口站凌汛期最高水位呈现上升
趋势,2000～2015 年凌汛期最高水位全部超过 1 020 m,三湖河口站最高水位的前 3 位均
发生在 2000～2015 年,其中 2007～2008 年由于壅水严重,凌汛期最高水位达 1 021.22
m,为历史最高水位。

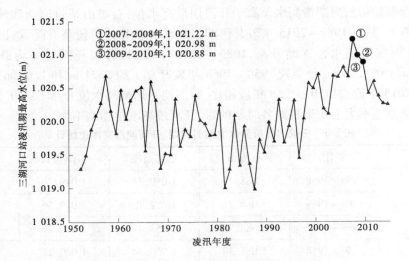

图 3-6　三湖河口站历年凌汛期最高水位

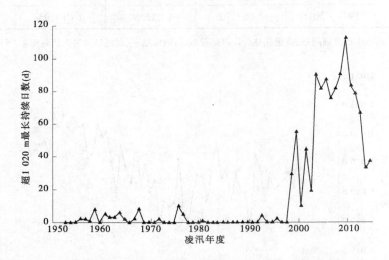

图 3-7　三湖河口站历年封河期水位超 1 020 m 持续日数

由图 3-7 可以看出,1998 年以后凌汛期三湖河口站日均水位超过 1 020 m 持续日数显著增加,2009~2010 年最长达到 112 d。高水位持续时间越久,堤根侵水时间越长,堤防受浸泡容易在凌汛期尤其是开河期出现险情的可能性就越大。高水位持续时间增加较大的年份为 1998~1999 年及 2003~2004 年,可能的原因主要是汛期三湖河口站下游十大孔兑来沙较大,1998 年淤堵形成了"沙坝"(如 1998 年 7 月 5 日、12 日,西柳沟分别暴发两次洪水,以最大洪峰流量 1 600 m³/s、1 800 m³/s 的洪水入汇黄河,当时黄河流量仅为 115 m³/s、460 m³/s,瞬间黄河河水被拦腰切断,河上架设的浮桥被冲垮,并推至上游数十米处,形成淤积量为 1 亿 m³ 的巨型沙坝),导致河道淤堵严重、过流能力小,造成了三湖河口站高水位持续时间较长。

3.1.4.3　槽蓄水增量变化分析

1. 槽蓄水增量演变过程分析

宁蒙河段石嘴山—头道拐河段槽蓄水增量在凌汛年度内的演变过程大致可以分为平峰型、尖峰型及双峰型 3 种类型,见图 3-8。从图 3-8 中可以看出:①平峰型,一般 12 月底进入最大槽蓄水增量的量级范围,后小幅变化,至 3 月初开始释放,是气温和河段流量变化不大的条件下最常见的演变过程;②尖峰型,一般在 2 月下旬或 3 月初达到最大槽蓄水增量的量级范围,持续时间较短,后随开河而逐渐释放,是槽蓄水增量值较大的演变过程;③双峰型,一般在 1 月中下旬出现首次增长峰值,略有释放后再次增长,3 月初出现第二次增长峰值,后随开河释放,其最大槽蓄水增量值也较大。

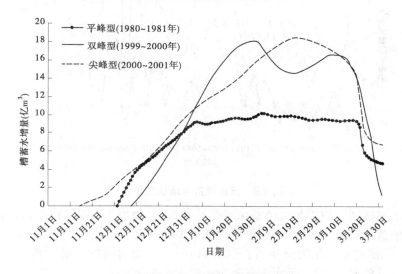

图 3-8　槽蓄水增量凌汛年度演变过程

2. 年最大槽蓄水增量出现时间

考虑到年内槽蓄水增量会在达到一定量级范围后维持一段时间,选定凌汛年度最大槽蓄水增量 85% 为量级范围的下限值,以凌汛年度槽蓄水增量达到当年最大槽蓄水增量的 85% 时作为年最大槽蓄水增量出现时间。在此基础上,统计宁蒙河段石嘴山—头道拐河段的年最大槽蓄水增量出现时间,见表 3-7。由表 3-7 可以看出,年最大槽蓄水增量出现时间在年段间呈现推迟趋势,由 1950~1968 年平均的 1 月 4 日推迟到 1989~2015 年平均的 1 月 29 日,推迟约 25 d。

表 3-7　不同年段宁蒙河段年最大槽蓄水增量出现时间

年段	平均	最早	最晚
1950~1968	1 月 4 日	12 月 13 日	2 月 29 日
1968~1989	1 月 16 日	12 月 19 日	2 月 28 日
1989~2015	1 月 29 日	1 月 4 日	3 月 13 日

3. 年最大槽蓄水增量年际变化

宁蒙河段石嘴山—头道拐各河段 1950~2015 年凌汛年度的历年最大槽蓄水增量见

图 3-9。由图 3-9 可见：①石嘴山—头道拐河段年最大槽蓄水增量在 5 亿~20 亿 m³ 波动，呈现显著增大趋势，历史最大前 3 位均发生在近期，最大值为 19.39 亿 m³（2004~2005 年），说明凌情有加重趋势；②石嘴山—巴彦高勒河段先增大后减小，但在 1989~2015 年段仍略大于龙羊峡、刘家峡水库建库前；③巴彦高勒—三湖河口段呈现出先略减小后显著增大的特点；④三湖河口—头道拐河段在波动中显著增加。

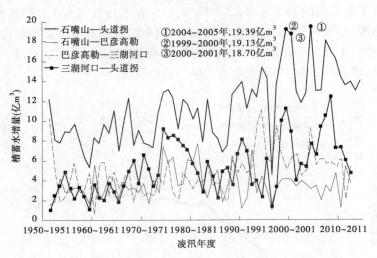

图 3-9　历年槽蓄水增量变化

各河段不同时期平均年最大槽蓄水增量见表 3-8。由表 3-8 可以看出，石嘴山—头道拐河段最大槽蓄水增量 1989~2015 年平均值为 14.19 亿 m³，比在 1950~1968 年增加了 5.36 亿 m³。从槽蓄水增量的分布看，三湖河口—头道拐河段的年最大槽蓄水增量略大于巴彦高勒—三湖河口河段，远大于石嘴山—巴彦高勒河段。

表 3-8　凌汛期内蒙古各河段不同时期平均年最大槽蓄水增量　（单位：亿 m³）

年段	项目	石嘴山—头道拐	石嘴山—巴彦高勒	巴彦高勒—三湖河口	三湖河口—头道拐
1950~1968	平均	8.83	3.08	4.18	2.87
	最小	5.31	1.55	0.48	0.85
	最大	12.35	5.59	10.23	4.95
1968~1989	平均	9.86	4.35	3.61	5.58
	最小	6.83	1.65	1.78	2.20
	最大	13.17	7.72	6.23	9.17
1989~2015	平均	14.19	3.53	6.15	6.60
	最小	4.56	0.97	2.0	1.35
	最大	19.39	7.03	11.40	12.40

4. 年最大槽蓄水增量变化成因分析

槽蓄水增量的形成受热力、动力和河道边界条件等多种因素影响，是多因素综合作用的结果,年最大槽蓄水增量能够部分表征河段凌情的严重程度,是判断河段凌情的一个重要指标。龙羊峡水库运用后,宁蒙河段石嘴山—头道拐河段槽蓄水增量显著增大,其原因主要有:龙羊峡水库运用后,汛期流量减小较多,内蒙古河段河道淤积加重、过流能力减小(三湖河口站平滩流量由 1986 年前的约 4 000 m³/s 降至 2000 年以后的 1 500 ~ 2 000 m³/s),而刘家峡水库建成后,凌汛期下泄流量较建库前增大,两种因素共同影响,使得凌汛期水位偏高,漫滩面积增大,槽蓄水量增加;同时,近期宁蒙河段桥梁等涉河建筑物增加、极端冷暖和气温升降事件出现频繁,影响封、开河期形势和河段最大槽蓄水增量。多种原因综合作用,导致近期宁蒙河段的年最大槽蓄水增量显著增大。

3.1.5　冰塞、冰坝

目前,判别冰塞、冰坝发生的定量指标并不确切,因此本书对冰塞、冰坝的统计分析主要基于各类文献资料中的"严重冰塞"及"成灾"冰坝的记载。

内蒙古河段 1950 ~ 2015 年各子河段发生的严重冰塞、冰坝次数统计情况见表 3-9。由表 3-9 可以看出,66 年中石嘴山—头道拐河段共发生严重冰塞 8 次,严重冰坝 58 次,严重冰坝出现的概率要远远大于严重冰塞,是凌汛的主要表现形式。从河段来看,87.5% 的严重冰塞发生在石嘴山—三湖河口河段,81% 的严重冰坝发生在巴彦高勒—头道拐河段(53.4% 的严重冰坝发生在三湖河口—头道拐河段)。同时,根据统计,1950 ~ 1989 年黄河内蒙古河段卡冰结坝频繁段主要集中在乌海市乌达区段、巴彦淖尔市磴口段及五原县、乌拉特前旗三湖河口段及三银河头至大如旺段、鄂尔多斯市四村段及昭君坟段、包头市画匠营子段及章盖营子到李五营子段;1989 ~ 2015 年黄河内蒙古河段卡冰结坝频繁段主要集中在巴彦淖尔市磴口段及五原县、乌拉特前旗三湖河口段、达旗中和西段、鄂尔多斯市四村段及昭君坟段、包头市画匠营子段、南海子段及包头市章盖营子到李五营子段。内蒙古河段历年主要卡冰结坝位置见图 3-10。

表 3-9　内蒙古河段凌汛期严重冰塞、冰坝发生次数统计

河段		冰塞		冰坝	
		次数	河段比例(%)	次数	河段比例(%)
石嘴山—三湖河口	石嘴山—巴彦高勒	4	50.0	11	19.0
	巴彦高勒—三湖河口	3	37.5	16	27.6
	石嘴山—三湖河口合计	7	87.5	27	46.6
三湖河口—头道拐		1	12.5	31	53.4
石嘴山—头道拐合计		8	100	58	100

对于冰塞,刘家峡、龙羊峡水库投入运用以来,内蒙古河段发生冰塞壅水的概率有所增加,且主要发生在巴彦高勒站附近。1950 ~ 1968 年刘家峡水库建库前未发生严重冰塞,而 1968 ~ 2015 年建库后发生严重冰塞 8 次。其中,1990 年、1992 年、1994 年、1995 年巴彦高勒站冰塞壅水位均超过百年一遇洪水位;1988 年和 1993 年冰塞水位超过千年一遇洪水位,达 1 054.33 m 和 1 054.40 m。严重冰塞数量增加的主要原因有内蒙古河段主槽过流能力减小、流凌封河期水库下泄流量较大且流量波动较大等。

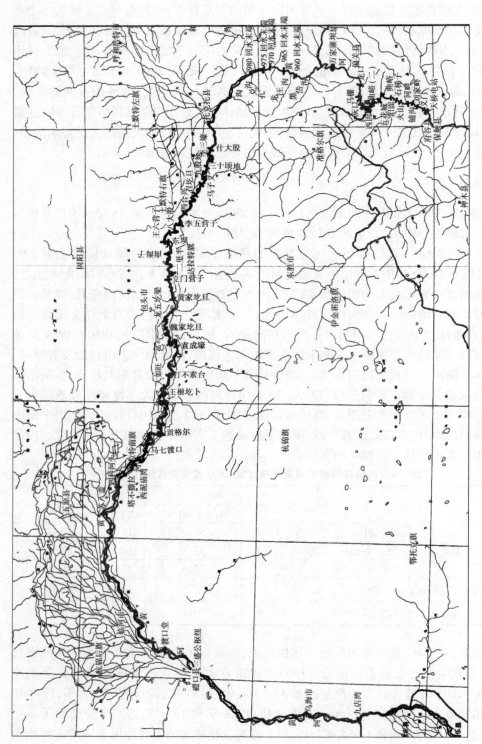

图 3-10　内蒙古河段历年主要卡冰结坝位置

　　对于冰坝,将冰坝的发生个数、历时、坝长、坝宽、坝高进行年段统计,并与年段的河段累计负气温、入流及平滩流量列于表 3-10 中。由表 3-10 可以看出,河段气温逐渐变暖,入流略有增加,而平滩流量先略有增加后显著减小;冰坝年均发生个数由 1950 ~ 1968 年的 1.6 个降低到 1989 ~ 2015 年的 1 个;最大坝长和最大坝高变化不大,但是最大坝宽呈现了先增大后减小的变化。冰坝发生个数的显著减少,一方面由于气温转暖,降低了冰坝形成的有利条件;另一方面要得益于开河期刘家峡水库防凌调度的有效干预。冰坝形态的变化,间接表征了内蒙古河段河道边界条件的变化,充分说明冰坝的形成与发展除与气温条件及动力条件有关外,还主要与河道边界条件有关。

表 3-10　凌汛期内蒙古河段主要冰坝年均发生情况统计

年段	年均冰坝数	最长历时 (h)	最大坝长 (km)	最大坝宽 (m)	最大坝高 (m)	累积负气温 (℃,包头)	河段入流 (m³/s, 石嘴山)	平滩流量 (m³/s, 三湖河口)
1950 ~ 1968	1.6	100	10	1 500	3.5	−1 034	470	3 200
1968 ~ 1989	0.4	96	7	3 000	3.8	−1 069	576	4 271
1989 ~ 2015	1	100	10	800	5.0	−802	572	1 892
1950 ~ 2015	1 (年均)	100 (最长)	10 (最大)	3 000 (最大)	5.0 (最大)	−946 (年均)	545 (年均)	3 032 (年均)

3.1.6　近期凌情特点总结分析

　　由于来水、气温和河道边界条件的变化,近期(2000 ~ 2015 年)的凌情呈现以下特点:

　　(1)流凌、封河时间推迟,开河时间提前,封河期缩短。近期黄河宁蒙河段的平均最早流凌日为 11 月 22 日,最晚为 12 月 9 日;流凌期较短,平均流凌天数为 11 d;平均首封日为 12 月 3 日,平均河段全封日为 1 月 8 日;平均首开日为 2 月 24 日,平均全开日为 3 月 24 日;整个封河期较短,平均封河天数为 111 d。由于近期气温总体偏暖,加之人类活动等因素的综合影响,河段流凌、封河日期较 2000 年以前分别推迟约 5 d、2 d,开河日期提前约 7 d;流凌、封河天数较 2000 年以前分别减少约 3 d、5 d。

　　(2)河段内年最大槽蓄水增量显著增加,最大值出现时间推后。近期内蒙古河段三湖河口站的平滩流量在 1 500 m³/s 左右,相比 1986 年前的约 4 000 m³/s,河道过流能力减小较多。平滩流量的减小,加上水库调度等因素的综合影响,导致内蒙古河段的年最大槽蓄水增量增加,平均年最大槽蓄水增量约为 14.77 亿 m³,近期个别年份已经接近 20 亿 m³,对河段防凌安全造成了较大威胁。同时,最大槽蓄水增量出现时间较 2000 年以前向后推迟约 38 d,增加了开河期水库调度难度。

　　(3)封、开河最高水位有所上升,三湖河口站凌汛期最高水位上升明显。受河道主槽淤积萎缩、槽蓄水增量增加和水库下泄水量的影响,封、开河期间水文站最高水位有所上升,近期三湖河口站凌汛期最高水位全部超过 1 020 m,其中 2007 ~ 2008 年由于壅水严重,凌汛期最高水位达 1 021.22 m。

　　(4)开河期凌洪过程历时延长,最大 10 d 洪量增加,“武开河”次数减小。受来水、水库调度、热力条件和河道边界条件等多种因素的影响,与前期相比,开河期凌洪过程多呈现宽胖型,历时明显延长,这为"文开河"形势发展提供了有利条件;头道拐站开河最大10 d洪量除2002~2003年较小外,其他年份均超过10亿 m³;近期宁蒙河段大部分年份为"文开河"。

(5)冰坝发生次数有所减少,但单次凌灾损失增加。随着防凌调度经验的不断积累,上游水库对宁蒙河段的防凌发挥了越来越积极的作用,加上气温偏暖的影响,近期宁蒙河段年均发生1个冰坝,较1950~2000年的1.6个,减小明显。但同时,水库的防凌调度作用有限,以及大量跨河建筑物的存在,导致冰塞、冰坝险情仍在,且随着近期沿河两岸的社会经济发展,单次凌灾造成的损失不断增加。

3.2 凌情变化成因

宁蒙河段凌汛主要受动力、热力和河道边界条件三种因素的影响,动力条件主要指河道流量,热力条件主要指河段气温,河道边界条件主要包括河道过流能力和桥梁等阻水建筑物情况等。

3.2.1 上游来水分析

3.2.1.1 兰州站实测径流量变化情况

兰州站实测径流量统计见表3-11,不同年段凌汛期实测日流量过程见图3-11,可以看出,刘家峡水库运用后,由于水库拦蓄汛期水量,用于非汛期灌溉、供水和发电,兰州断面凌汛期流量加大、水量增加,尤其是12月至翌年2月流量增大较多;龙羊峡水库运用后,兰州站1989~1999年段凌汛期日流量过程与1968~1989年段差别不大;兰州站1999~2010年段12月至翌年2月日流量过程比1989~1999年段有所减小,这主要是因为近期宁蒙河段主槽过流能力减小、凌汛期水位高,为减小凌灾风险,龙羊峡水库和刘家峡水库防凌控制力度进一步加大。

表3-11 兰州站水量变化情况统计 (单位:亿 m³)

时段(水文年)	年水量	7~9月水量	10月至翌年 6月水量	凌汛期水量	
				11月至翌年 3月	12月至翌年2月
1956~1968	346.3	165.6	180.7	60.7	29.0
1968~1989	320.5	129.3	191.2	77.3	42.6
1989~1999	268.8	88.6	180.2	79.6	44.0
1999~2010	271.1	81.1	190.0	76.5	40.6
1956~2010	306.6	120.0	186.6	73.9	39.4

3.2.1.2 凌汛期宁蒙河段引退水分析

凌汛期11月至12月上旬,宁蒙河段的引退水变化较大,影响流凌封河期凌汛情势。宁夏、内蒙古冬灌引水的主要有卫宁、青铜峡和内蒙古河套三个灌区。卫宁灌区和青铜峡灌区的引水时间主要在10月20日至11月25日,三盛公引水枢纽主要在8月25日至11

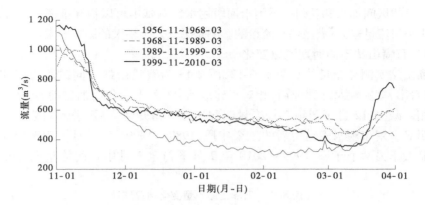

图 3-11　兰州断面不同时段凌汛期日流量变化过程

月 5 日引水。近期,卫宁灌区的最大引水流量约 150 m³/s;青铜峡灌区最大引水流量约 550 m³/s;三盛公引水枢纽最大引水流量约 600 m³/s。卫宁灌区在 11 月的退水不多;青铜峡灌区退水主要集中在 10 月下旬至 12 月上旬,其中 11 月中旬的退水量最大,旬平均最大流量约 230 m³/s;三盛公引水枢纽的退水最大在 11 月上旬,可以持续到 11 月下旬,最大退水流量约 100 m³/s。

图 3-12 是 1989～2009 年小川—头道拐河段主要水文站 11 月日流量过程线。受宁蒙灌区引退水影响,引水口下游各水文站 11 月的流量过程变化较大;11 月上中旬,下河沿至石嘴山之间引水流量较大,最大引水流量约 450 m³/s。宁夏河段引水对石嘴山流量的影响基本在 11 月中旬结束,11 月下旬受上游来水和灌区退水影响,石嘴山站流量大于下河沿。三盛公引水基本在 11 月 5 日前结束,11 月 5 日后,巴彦高勒与石嘴山流量相差不大;受巴彦高勒至三湖河口之间退水影响,11 月 15 日前,三湖河口流量大于巴彦高勒,11 月 15 日之后,三湖河口流量变化主要受石嘴山入流影响。到 11 月下旬,石嘴山—头道拐河段流量主要受刘家峡水库下泄、刘家峡—兰州区间加水、兰州—下河沿和下河沿—石嘴山河段用水、下河沿—石嘴山之间灌溉退水这几种因素的影响,其中刘家峡水库泄流量是最主要的影响因素;

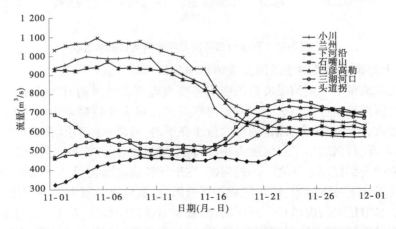

图 3-12　1989～2009 年小川—头道拐河段主要水文站 11 月日流量过程线

刘家峡—兰州区间加水和兰州—下河沿河段用水影响基本可以相互抵消一部分,使得下河沿流量比小川流量略大;灌区退水流量的影响是另外一个稍大的影响因素。

3.2.1.3　石嘴山站不同时期流量变化

石嘴山站实测径流量统计见表 3-12,图 3-13 为石嘴山站不同时段凌汛期日来水过程,可以看出,刘家峡水库建成后,相对于建成前,11 月上中旬封河之前,进入内蒙古河段的水量相对减少;12 月至翌年 2 月稳封期和 3 月下旬开河之后,进入内蒙古河段的水量增加较明显。刘家峡水库运用后的三个年段,1989~1999 年 11 月下旬至翌年 2 月底的流量明显大于另两个年段;1999~2010 年 2 月下旬至 3 月中旬的流量明显小于另两个年段。

表 3-12　石嘴山站水量变化情况统计　　　　　　　　（单位:亿 m³）

年段(水文年)	11 月	12 月	1 月	2 月	3 月	凌汛期
1956~1968	20.3	11.9	8.3	8.2	11.7	60.4
1968~1989	17.9	16.1	13.9	13.0	14.4	75.3
1989~2010	16.3	17.0	13.2	12.7	12.9	72.0
1956~2010	17.8	15.5	12.4	11.8	13.3	70.8

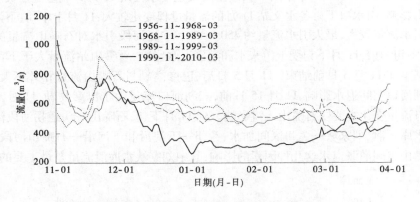

图 3-13　石嘴山站不同时段凌汛期日来水过程

3.2.1.4　上游来水条件对宁蒙河段凌情影响分析

上游来水流量对宁蒙河段凌情的影响主要表现流凌封河期封河流量大小、封河期流量过程和开河期流量控制情况。流凌封河期封河流量大小直接影响凌汛期的防凌形势,封河流量过大,由于流速大、冰盖前缘大量冰花下潜,易堵塞河道形成较严重冰塞;封河流量过小、冰盖低、封河后冰下过流能力小、槽蓄水增量大,因此流凌封河期控制适宜的封河流量是防凌的关键控制条件之一。封河期,在形成较稳定冰盖后,应尽量控制流量平稳且缓慢递减接近冰下过流能力,使水流顺利通过河道,避免流量忽大忽小、水鼓冰开、阻塞河道以及槽蓄水增量的过度增长。开河期,槽蓄水增量集中释放,若上游来水较大并与槽蓄水增量释放量叠加,较大流量挟带大量冰块极易在弯曲、狭窄河段堵塞河道形成冰坝,因此在开河期,应尽量削减上游流量,减小动力条件对凌情的影响。

从图 3-13 中可以看出,刘家峡水库运用前,流凌封河期和封河期(11 月中旬至翌年 2 月底)石嘴山站流量波动幅度大,开河期(3 月上中旬)流量较大,对防凌极其不利,因此这一时期冰坝发生次数较多(见表 3-9)。刘家峡运用后的 1968 ~ 1989 年,通过刘家峡水库的防凌调度,调控进入宁蒙河段的流量,对宁蒙河段的防凌形势有所缓解,但限于刘家峡水库的有限库容,对宁蒙河段的防凌调控能力不足。龙羊峡水库运用后的 1989 ~ 1999 年,流凌封河期流量较大,加之宁蒙河段冬灌引退水影响并未有效控制,这一时期宁蒙河段冰塞次数较多。1999 ~ 2010 年,龙羊峡、刘家峡水库防凌调度技术日渐成熟,可控制石嘴山站 11 月下旬至 12 月上旬流量较大,避免小流量封河,为形成适宜的封河流量提供有利条件;同时,稳封期保持流量由大到小,缓慢递减基本特征,进一步控制日流量过大波动幅度,达到了日平均流量变幅不能超过旬平均流量的 10% 的要求,为避免封河期严重冰塞壅水,保持稳定封河形势,控制槽蓄水增量过度增长提供了有利条件;在开河期,削减下泄流量时间提前至 2 月下旬,并加大控泄力度,为削减槽蓄水增量释放量与释放强度,控制"文开河"提供了较好条件。

3.2.2 气温及水温分析

3.2.2.1 宁蒙河段气温条件分析

1.气温基本特征及变化分析

由宁夏河段至内蒙古河段,气温在零下的时间是"上短下长"。宁夏石嘴山站日气温在零下的持续天数多为 3 个半月,内蒙古河段各站日气温持续在零下时间均长达 4 个月,且靠下游站的持续时间更长。表 3-13 是宁蒙河段主要控制站气温转负、转正日期统计,可见石嘴山站气温稳定转负时间比巴彦高勒站迟 5 d,气温稳定转正时间早 7 d;而巴彦高勒站与三湖河口站相比,虽气温稳定转负日期、转正日期仍为"上迟下早,上早下迟",但均相差 2 d;三湖河口站与头道拐站相比,转负日期仅迟 1 d,转正日期则相同。

表 3-13 1957 ~ 2005 年宁蒙河段主要控制站气温转负、转正日期比较

项目	石嘴山	巴彦高勒	三湖河口	头道拐
气温稳定转负(月-日)	11-19	11-14	11-12	11-11
气温稳定转正(月-日)	03-03	03-10	03-12	03-12

由表 3-14 可见,宁蒙河段冬季多年平均月气温最小值出现在 1 月,宁夏河段月平均气温在零下的时间为 12 月至翌年 2 月,内蒙古河段月平均气温在零下的时间为 11 月至翌年 2 月。凌汛期上下游相邻站间的逐月平均气温差距呈现"上段较大,下段较小""严寒期差距大,偏暖期差距小"的特点。

表 3-15 是各年段主要站多年平均凌汛期累积负气温均值表,可见空间上从银川至托克托累积日均负气温呈现"上高下低,上暖下冷"的特点;时间上,20 世纪五六十年代最寒冷累积负气温最小,20 世纪七八十年代累积负气温有所升高,但与前期相差不大,而近 20 年与前期相比累积负气温升高较多。

表 3-14　黄河上游宁蒙河段各站凌汛期各月平均气温特征值　　（单位：℃）

测站	11 月	12 月	1 月	2 月	3 月
银川	1.2	−5.9	−8.1	−3.7	3.4
蹬口	−0.6	−7.9	−10.0	−5.8	1.7
包头	−1.9	−9.5	−11.5	−7.0	0.8
托克托	−1.1	−9.2	−11.6	−7.1	1.0

注：银川、包头用 1954～2010 年、蹬口用 1954～2009 年、托克托用 1959～2009 年资料统计。

表 3-15　各年段宁蒙河段各控制站凌汛期累积日负气温均值　　（单位：℃）

时段（年-月）	银川	蹬口	包头	托克托
1951-11～1960-03	−639	−856	−1 023	−1 051
1960-11～1970-03	−652	−897	−1 084	−1 114
1970-11～1980-03	−600	−799	−983	−983
1980-11～1990-03	−533	−792	−920	−933
1990-11～2000-03	−457	−641	−769	−770
2000-11～2010-03	−424	−650	−753	−763

近期有些年份凌汛期出现急剧升温、降温过程。流凌期出现异常降温情况，如 2009 年 11 月中旬流凌期，包头旬平均气温 −8.4 ℃，为历史最低。封河期气温波动较大，2001～2002 年石嘴山站 12 月中旬至翌年 2 月下旬逐旬平均气温分别为 −7.2 ℃、−8.3 ℃、−3.6 ℃、−2.1 ℃、−6.1 ℃、−3.0 ℃、0.6 ℃、2.2 ℃，其中 1 月中旬平均气温 −2.1 ℃，是近 58 年来同期最高气温。开河期出现异常增温过程，如 2008 年包头 3 月中旬旬平均气温达 5.5 ℃，为近 60 年来同期最高值。

可见宁蒙河段凌汛期气温的基本特点为：冬季严寒时间长，严寒程度大；顺河自上而下冬季负气温维持时间加长、严寒程度加大；凌汛期上下游相邻站间的逐月平均气温差距呈现"严寒期差距大，偏暖期差距小"的特点。宁蒙河段凌汛期气温近 20 年来变暖，但年际间仍有较大冷暖变化幅度，凌汛期内逐旬平均气温过程仍可能出现异常升温、降温情况。

2. 气温条件与宁蒙河段凌情特征因子的关系分析

气温是影响凌情的重要因子，流凌、封河和开河等凌情特征日期与气温的关系紧密，每年的防凌调度中，通过气温转负日期、气温转负日期后的累积负气温、气温转正日期后的累积正气温等指标，考虑流量、河道边界条件等，预测流凌封河日期、开河日期等凌情特征日期。本书限于资料条件，主要分析了宁蒙河段主要气象站旬、月气温与凌情特征间的关系。

（1）宁蒙河段水文站凌情特征日期与相应气温因子相关系数分析见表 3-16。从表 3-16 中可以看出，靠下游的三湖河口站、头道拐站实测流凌日期与相邻气象站气温相关关系较石嘴山站、巴彦高勒站显著,上游河段近两个年段流凌日期除与气温条件有直接关系外,还与水温、河道流量等有一定关系。在上游水库建库前,石嘴山、巴彦高勒两站流凌日期与气温关系较显著,上游水库运用后,由于水库下泄水温增高、宁夏灌区冬灌引退水流量变化等因素影响,两站流凌日期与银川、磴口 11 月平均气温关系性明显减小。各水文站封河日期与相邻气象站气温相关关系均比较显著,表明气温高低仍是影响封河日期早晚的一个重要因素。石嘴山站开河日期与磴口站各年段 2 月中旬至 3 月上旬平均气温关系均比较显著,反映开河日期与气温关系较密切;三湖河口、昭君坟、头道拐三站,受水库影响的两个时段开河日期与相应站气温因子关系显著性明显加强,说明水库运用后,通过减小开河期水库下泄流量、减小水流动力因子对开河的影响作用,使得气温因子对开河日期影响增加。

表 3-16 宁蒙河段水文站凌情特征日期与相应气温因子相关系数分析

水文站	资料年段	年数(年)	流凌日期与气温相关		封河日期与气温相关		开河日期与气温相关	
			气温因子	相关系数	气温因子	相关系数	气温因子	相关系数
石嘴山	1951~1965	15	银川 11 月平均气温	0.69	银川 12 月平均气温	0.50	磴口 2 月中旬至 3 月上旬平均气温	0.53
	1966~1986	21		0.62		0.69		0.76
	1987~2009	23		0.31		0.52		0.60
巴彦高勒	1954~1965	12	磴口 11 月平均气温	0.80	磴口 11 月下旬至 12 月中旬平均气温	0.81	磴口 2 月中旬至 3 月上旬平均气温	0.45
	1966~1986	21		0.58		0.58		0.24
	1987~2009	23		0.41		0.81		0.77
三湖河口	1951~1965	15	包头 11 月平均气温	0.57	包头 11 月下旬至 12 月中旬平均气温	0.65	包头 3 月平均气温	0.36
	1966~1986	21		0.81		0.49		0.70
	1987~2009	23		0.72		0.73		0.71
昭君坟	1954~1965	12	包头 11 月平均气温	0.87	包头 11 月下旬至 12 月中旬平均气温	0.43	包头 3 月平均气温	0.33
	1966~1986	21		0.80		0.38		0.76
	1987~2000	13		0.73		0.56		0.68
头道拐	1959~1965	7	托克托 11 月平均气温	0.81	托克托 11 月下旬至 12 月中旬平均气温	0.34	托克托 3 月平均气温	0.18
	1966~1986	21		0.59		0.50		0.46
	1987~2009	23		0.73		0.81		0.72

注:1.1951~1965 是指 1951 年 11 月至 1966 年 3 月冰凌年段,其他年段划分方法以此参照确定。

2. 考虑青铜峡水库下泄水温对水库下游河段凌情日期的影响,故未有水库影响年段划分至 1965 年。

(2)气温因子与冰厚。分析了宁蒙河段平均冰厚、水文站最大冰厚与河段相应累积日负气温的相关关系,在刘家峡水库建库前冰厚与累积负气温的关系并不显著,建库后有一定相关性,即累积负气温绝对值越大,表现严寒程度高,河段平均冰厚也较厚。

（3）气温因子与河段年最大槽蓄水增量。石嘴山—头道拐最大槽蓄水增量与河段平均累积日负气温的相关关系并不显著,说明河段最大槽蓄水增量与气温没有明显的单一线性定量关系。从物理成因看,槽蓄水增量主要是因冰凌冻结在河槽中的积蓄量,严寒程度大小对平均冰厚与积冰量应存在一定正贡献关系,故对槽蓄水增量也应有一定正相关关系,即越严寒越有利于槽蓄水增量增加。

3. 近期气温条件对宁蒙河段凌情的影响

（1）冬季气温低、低温时间长、年际变幅较大,制约本河段凌情发展。与下游相比,即便在近期冬季气温回暖趋势下,宁蒙河段各站均比黄河下游利津站严寒程度严重得多,故现状年段宁蒙河段冬季气温严寒程度仍比较突出。冬季寒冷程度不同,对河段凌情会产生不同影响。近期20年中最暖的4个凌汛期与最冷的4个凌汛期相比,冰坝个数明显偏少。

（2）宁蒙河段上、下段气温空间分布差异,制约分段凌情形势。宁蒙河段沿程控制站近期冬季平均累积日负气温差距与1951～1980年段相比,上、下站差距虽有所减小,但仍保持了分段气温差距的基本格局,对维持宁蒙河段基本凌情形势仍起到重要作用。总体看,巴彦高勒—三湖河口与三湖河口—头道拐两个分河段相比,气温递减率是"上大下小",故在分段上、下控制站流凌初始日期、封开河日期相比,巴彦高勒—三湖河口河段差距较大,而三湖河口—头道拐河段差距小。由于三湖河口—头道拐河段气温差异小,首封河段往往并不在头道拐河段,而较多出现在三湖河口—包头河段。由于巴彦高勒—三湖河口河段气温差异较大,因此本分河段开河时间基本是"上早下迟",而三湖河口—头道拐河段开河次序并不固定。

（3）凌汛期内气温的时间分布差异,影响分段凌情。凌汛期内气温的时间分布差异会使凌情出现一些异常变化,11月至12月上旬流凌至封河期间,若强降温偏早,会使封河日期提前,可能形成小流量封河,紧接着宁蒙河段冬灌退水,可加重冰塞壅水;12月至翌年2月内蒙古河段气温总体处于严寒阶段,但上、下河段气温差以及同河段逐旬气温过程仍有较大起伏变化,各站前、后旬气温波动幅度较大,对河段封河情势的稳定性以及分段槽蓄水增量大小与分段转移情况有一定影响;开河期气温的升降与沿程分布,对开河形势影响较大。显然,若下游河段较上游河段先开河,有利于"文开河"形势发展。

近期冬季气温总体回暖趋势下,封、开河期出现一些异常冷暖变化情况,影响凌情发展。累积日均负气温仍存在较大的年际变幅,在其他条件同样情况下,年际变幅的差值对河道平均冰厚、最大槽蓄水增量、开河期冰坝个数等均可产生一定影响;整个凌汛期气温波动幅度大,导致封河形势不稳定,可能会出现"二封二开"情况;流凌封河期间气温仍可能出现异常升降温变化,导致封河突然,形成不适宜的封河流量;开河期异常增温过程,使得槽蓄水增量急剧释放,对防凌不利。

3.2.2.2　水温条件分析

1. 龙羊峡、刘家峡水库出库水温变化分析

以贵德站作为龙羊峡水库出库站,小川站作为刘家峡水库的出库站,分析刘家峡、龙羊峡水库运用前后凌汛期月水温的变化,见表3-17。

表 3-17　刘家峡、龙羊峡水库运用前后凌汛期月水温的变化　　（单位：℃）

测站	年段	11月	12月	1月	2月	3月
贵德	1972~1985（龙羊峡建库前）	3.0	0.1	0	0.2	2.9
	1987~1996（龙羊峡运用后）	9.4	6.3	4.1	3.3	3.5
小川	1954~1966（刘家峡建库前）	4.6	0.4	0	0	5.3
	1972~1985（刘家峡单库运用后）	10.1	6.0	3.7	2.6	3.4
	1987~1996（刘家峡、龙羊峡联合运用后）	10.7	6.3	3.7	3.0	4.1

从表 3-17 可以看出：①刘家峡水库运用后，小川站水温明显提高，11 月至翌年 2 月较建库前升高 3~6 ℃，3 月略有降低；②龙羊峡水库运用后，贵德站水温明显升高，11 月至翌年 2 月较建库前升高 3~6 ℃，3 月升高不显著，小川站月水温无明显变化，说明刘家峡水库出库水温变化受龙羊峡出库水温变化影响不大。

2. 下游河段水温变化

表 3-18 是刘家峡水库建成前后宁蒙河段主要控制站凌汛期逐旬平均水温。由表 3-18可以看出，刘家峡水库建库后，下游一定河段内水温发生了明显变化：①水温接近 0 ℃的断面下移，水温升高，且距水库较近的测站水温升高更加明显，小川至下河沿各站自 12 月中旬至翌年 2 月中旬的水温由接近 0 ℃升高为接近 0 ℃以上；②受影响的各站 11月至翌年 3 月上旬平均水温升高，3 月中下旬平均水温反而降低；③石嘴山站 11 月下旬至 12 月上旬平均水温升高不显著，巴彦高勒以下河段接近 0 ℃水温出现时间基本无变化。

综上分析，龙羊峡、刘家峡水库运用后，出库水温明显升高；刘家峡水库运用后对河段水温的影响最远到达石嘴山附近；龙羊峡水库建成后对下游出库水温影响不大。刘家峡水库运用后出库水温升高，对宁夏河段防凌发挥了积极作用，在多种因素的共同作用下：①兰州至青铜峡河段由间断封冻河段变为局部封冻加偶现流凌河段；②刘家峡水库及青铜峡水库等水库运用共同影响，使青铜峡水库以下 40~90 km 为不稳定封冻河段，约 100 km 河段流凌日期推迟 5~10 d；③封、开河期进入内蒙古河段的流凌量明显减少。刘家峡水库及青铜峡水库运用的影响，使得宁夏河段的凌情形势大大缓解，促使黄河上游防凌的重点河段缩短为内蒙古河段。

表 3-18　刘家峡水库建成前后宁蒙河段主要控制站凌汛期各旬平均水温　（单位：℃）

年段	测站	11月 上旬	中旬	下旬	12月 上旬	中旬	下旬	1月 上旬	中旬	下旬	2月 上旬	中旬	下旬	3月 上旬	中旬	下旬
建库前	小川	6.3	4.8	2.4	0.7	0.3	0	0.1	0.1	0.1	0.1	0.2	0.6	3.1	5.5	7.1
	兰州	5.8	4.4	2.2	0.6	0.2	0.1	0.1	0.1	0	0	0.1	0.5	2.1	5.2	7
	黑山峡	7.2	5.5	3.1	1.1	0.4	0.3	0.3	0.3	0.3	0.4	0.4	0.6	2.2	5.9	8.3
	下河沿	5.7	2.7	0.8	0.1	0	0						1.6	4.8	7.9	
	青铜峡	6.8	5	2	0.5	0.2	0				0	0	0	1.1	4.2	7.2
	石嘴山	5.9	3.7	1.4	0.2	0.1	0.1	0.1	0.1	0.1	0.1	0.1	0.1	0.3	2	5.7
	磴口	5.2	3.3	1.3	0.2	0	0				0	0	0	0.1	1.4	5.4
	巴彦高勒	4.1	2.3	1.2	0.2	0	0			0.1	0.1	0.1	0	0.1	0.7	4.2
	三湖河口	4.2	2.2	0.6	0.1	0.1	0.1	0.1	0.1	0.1	0.1	0.1	0	0.1	0.2	2.7
	昭君坟	4.3	1.9	0.2	0	0	0				0	0	0	0	0.1	1.3
	头道拐	4.5	2.1	0.1	0	0	0	0	0	0	0	0	0	0	0	1
蓄水后（龙羊峡水库建成前）	小川	11.6	10.1	8.6	7.2	6	5	4.4	3.8	3.4	2.9	2.8	2.7	2.8	3.3	4.2
	兰州	10.4	8.3	6.7	5.2	4	3.1	2.6	2.4	2	1.8	2.1	2.3	2.8	3.8	4.8
	黑山峡	9.8	7.5	5.3	3.7	2.6	1.5	0.9	0.7	1	1.1	2.2	2.6	3.5	4.7	6.3
	下河沿	10.6	8.4	6.1	4	2.4	1.3	0.9	0.9	1.1	1	1.9	2.5	3.6	4.9	6.6
	青铜峡	9.5	6.6	4.3	2.3	0.9	0.3	0	0.1	0.1	0.3	1.2	1.4	3.3	5.1	6.9
	石嘴山	7.3	3.6	1.9	0.5	0.1	0	0.1	0	0	0	0	0.1	0.9	3.2	5.6
	磴口	5.2	3	1.3	0.3	0	0				0	0	0		1.4	5.4
	巴彦高勒	6.7	3	1.4	0.2	0	0				0	0	0		0.9	4.9
	三湖河口	4.8	1.4	0.3	0	0	0	0.1	0	0	0	0	0	0		1.8
	昭君坟	5.2	1.4	0.2	0	0	0				0	0	0	0	0	1.1
	头道拐	4.7	1.3	0.1	0	0	0	0	0	0	0	0	0.1	0	0	0.9

3.2.3　河道边界条件分析

本书将河道边界条件分为两类：一类是河床边界条件，主要指河流本身所具有的宽窄相间的河床平面形态、纵比降大小、河床物组成及抗冲性、滩槽高差等，其变化受来水来沙条件以及河道地形、地质条件等因素影响；另一类是工程边界条件，主要指河道上修建的堤防、河道整治工程和桥梁等建筑物。从全河段、长时间来看,对凌情影响较大的首先是不利的局部地形条件以及河床冲淤所引起的中水河槽过流能力变化;其次是近年来由于沿河两岸地方经济社会发展而大量修建桥梁等涉河阻水建筑物,对局部河段凌情产生了影响。

3.2.3.1　河床边界条件变化

对宁蒙河段而言,冲积性河段河床的冲淤变化和中水河槽过流能力变化主要受来水来沙条件影响。宁蒙河段来水来沙具有水沙异源、年内分配不均、年际变化大的特点。根据宁蒙河段干支流水沙、引水引沙及入黄风积沙资料,统计进入宁蒙河段的水沙量,见表 3-19。由表 3-19 可知,从长时段看,进入宁蒙河段的水沙量分别为 303.2 亿 m³、1.719 亿 t。其中,来水量主要源自黄河干流,干流来水量占宁蒙河段总水量的 97.7%,支流来水量仅占总水量的 2.3%。来沙量由三部分组成,干流来沙量和支流来沙量所占比例较大,分别占总来沙量的 56.1% 和 32.0%,另外有一部分入黄风积沙量,占总来沙量的 11.9%。

表 3-19　进入宁蒙河段水沙特征值

时段 (年-月)	水沙来源	年均水量 (亿 m³)	占总来水量 的比例(%)	年均沙量 (亿 t)	占总来沙量 的比例(%)
长时段 (1960-07 ~ 2015-06)	干流	296.3	97.7	0.964	56.1
	支流	6.9	2.3	0.551	32.0
	风积沙			0.204	11.9
	合计①	303.2	100	1.719	100
	引水引沙②	137.7		0.400	
	①-②	165.5		1.319	
近期 (1987-06 ~ 2015-06)	干流	258.1	97.4	0.621	44.3
	支流	7.0	2.6	0.620	44.2
	风积沙			0.161	11.5
	合计①	265.1	100	1.402	100
	引水引沙②	146.2		0.434	
	①-②	118.9		0.968	

1986 年以来进入宁蒙河段的水沙量分别为 265.1 亿 m³、1.402 亿 t,较长时段减少,减少的水沙量主要源自黄河干流,支流来水来沙量略有增大。干流来水量占宁蒙河段总来水量的 97.4%,支流来水量占总来水量的 2.6%;干流来沙量占总来沙量的 44.3%,支流来沙量占总来沙量的 44.2%,支流来沙量占总来沙量的比例提高。该时期由于宁蒙河段来水量年内分配比例发生变化,汛期比重减少(见表 3-20);汛期大流量出现天数减少(1951 ~ 1968 年、1969 ~ 1986 年、1987 ~ 1999 年、2000 ~ 2015 年下河沿断面汛期日均流量大于 2 000 m³/s 出现的天数分别为 54.0 d、30.5 d、4.2 d 和 2.8 d),小流量历时增加,加重了近期宁蒙河段尤其是内蒙古冲积性河段(巴彦高勒至头道拐)中水河槽的淤积,致使

中水河槽过流能力下降,使具有游荡性河道特点的巴彦高勒至三湖河口段主流摆动加剧、河槽变宽浅,使具有弯曲性河道特点的三湖河口至头道拐段弯曲程度加剧,畸形河湾增加。

表 3-20　下河沿站 1960~2015 年水沙特征值

时段(年-月)	水量（亿 m³）			沙量（亿 t）		
	汛期	非汛期	全年	汛期	非汛期	全年
1960-07~1969-06	228.5	142.2	370.7	1.55	0.26	1.82
1969-07~1987-06	169.0	149.3	318.3	0.89	0.18	1.07
1987-07~2015-06	109.9	148.2	258.1	0.49	0.14	0.62
1960-07~2015-06	148.7	147.6	296.3	0.79	0.17	0.96

注:表中沙量不平衡由四舍五入所致。

根据输沙率法计算的宁蒙河段不同时期年均冲淤量成果(见表 3-21),1960 年 7 月至 2015 年 6 月宁蒙河段年均淤积量为 0.312 亿 t,淤积主要发生在内蒙古河段,为 0.342 亿 t。

表 3-21　宁蒙河段输沙率法计算的不同时期年均冲淤量成果　　　（单位:亿 t）

时段（年-月）	宁夏			内蒙古				全河段
	下河沿—青铜峡	青铜峡—石嘴山	下河沿—石嘴山	石嘴山—巴彦高勒	巴彦高勒—三湖河口	三湖河口—河口镇	石嘴山—河口镇	
1960-07~1969-06	-0.067	-0.355	-0.422	0.098	-0.209	0.207	0.096	-0.327
1969-07~1987-06	0.093	-0.075	0.018	0.084	-0.030	0.138	0.192	0.210
1987-07~2015-06	0.021	0.042	0.063	0.066	0.111	0.342	0.519	0.582
1960-07~2015-06	0.030	-0.061	-0.031	0.077	0.013	0.253	0.343	0.312

根据宁蒙河段断面法冲淤量成果,1993~2012 年,宁夏河段多年平均淤积量为 0.089 亿 t,下河沿至青铜峡河段冲淤基本平衡;青铜峡坝下至石嘴山河段,河道呈微淤状态,多年平均淤积量为 0.083 亿 t。1962~2012 年,内蒙古巴彦高勒至头道拐河段年平均淤积泥沙 0.349 亿 t(见表 3-22),主槽淤积占 60.0%。20 世纪 60 年代至 70 年代末,巴彦高勒至头道拐河段滩地淤积、主槽冲刷,主要是因为巴彦高勒上游水库陆续投入运用,使来沙量减少较多,而来水量较多、洪水较大,内蒙古河段河道产生了持续冲刷,巴彦高勒、三湖河口及头道拐断面 1 000 m³/s 流量水位降低在 1.0 m 左右(见图 3-14、图 3-15);20 世纪 80 年代,主槽、滩地同步淤积,滩槽淤积比例基本相当,巴彦高勒、三湖河口及头道拐断面 1 000 m³/s 流量水位变化不大;20 世纪 90 年代以后,主槽淤积为主而滩地少量淤积,巴彦高勒、三湖河口及头道拐断面 1 000 m³/s 流量对应水位均有不同程度的抬高。内蒙古巴彦高勒至头道拐河段不同时期断面法年均冲淤量成果见表 3-22。

宁蒙河段中水河槽过流能力也在不断变化,根据内蒙古巴彦高勒至头道拐河段不同时期的断面测验资料计算平滩流量见表 3-23。由表 3-23 可以看出，20 世纪 80 年代初内蒙古巴彦高勒至头道拐河段的平滩流量平均在 4 000 m³/s 左右，其后平滩流量逐渐下降，至 2000 年降低至 1 500 m³/s 左右，2004 年平滩流量最小，其后有所恢复。

表 3-22　内蒙古巴彦高勒至头道拐河段不同时期断面法年均冲淤量　　（单位：亿 t）

河段		巴彦高勒—三湖河口	三湖河口—昭君坟	昭君坟—头道拐	巴彦高勒—头道拐
1962 ~ 1982	主槽	− 0.074	− 0.084	− 0.023	− 0.181
	滩地	0.022	0.012	0.138	0.172
	全断面	− 0.052	− 0.072	0.115	− 0.009
1982 ~ 1991-12	主槽	0.057	0.119	0.036	0.213
	滩地	0.040	0.064	0.063	0.166
	全断面	0.097	0.183	0.099	0.379
1991-12 ~ 2000-08	主槽	0.103	0.206	0.164	0.473
	滩地	0.017	0.027	0.023	0.067
	全断面	0.120	0.233	0.187	0.540
2000-08 ~ 2012-10	主槽	0.108	0.127	0.059	0.293
	滩地	0.025	0.032	0.035	0.092
	全断面	0.133	0.159	0.094	0.385
1962 ~ 2012-10	主槽	0.060	0.075	0.071	0.206
	滩地	0.026	0.031	0.086	0.143
	全断面	0.086	0.106	0.157	0.349

注：表中冲淤量不平衡由四舍五入所致。

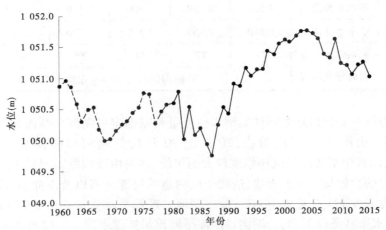

注：巴彦高勒站 1972 年设站，1972 年以前为渡口站，位于巴彦高勒站以下 16.7 km，按水面比降推算至巴彦高勒站

图 3-14　巴彦高勒汛前 1 000 m³/s 流量水位

图 3-15　三湖河口汛前 1 000 m³/s 流量水位

表 3-23　内蒙古河段不同时期断面平滩流量变化情况　　　　　（单位：m³/s）

河段	项目	1962 年	1982 年	1991 年	2000 年	2004 年	2012 年
巴彦高勒—三湖河口	平均平滩流量	2 680	3 560	2 930	1 690	1 030	1 930
	最小平滩流量	2 310	3 520	2 470	1 750	930	1 590
	最小平滩流量断面号及位置	4	19	14	6	9	21
		南滩	三苗树	刘二圪旦	邢家圪旦	伊盟圪旦	西河头
三湖河口—昭君坟	平均平滩流量	2 630	4 280	3 650	1 930	1 560	2 280
	最小平滩流量	2 450	2 790	2 520	1 990	1 160	1 860
	最小平滩流量断面号及位置	42	42	60	46	47	47
		毛不浪沟汇河口上下游					
昭君坟—头道拐	平均平滩流量	2 520	3 730	3 200	2 130	1 490	2 060
	最小平滩流量	1 810	2 850	2 520	1 730	1 110	1 740
	最小平滩流量断面号及位置	77	77	84	86	83	87
		西柳沟汇河口下游至东柳沟汇河口					

　　另外，根据三湖河口站断面的实测水位流量关系确定三湖河口断面逐年平滩流量变化见图 3-16。由图 3-16 可以看出，20 世纪 90 年代三湖河口断面平滩流量减小约 2 000 m³/s，而其中平滩流量减小幅度较大的年份，多是由于内蒙古河段十大孔兑发生暴雨洪水，大量的沙量集中入汇干流，造成干流河道的局部淤塞以及由此引发的后续淤积，如 1989 年内蒙古十大孔兑集中来沙，使三湖河口断面平滩流量减小了约 400 m³/s，其后由于干流来水来沙条件不利，三湖河口断面平滩流量持续下降。2012 年的较大洪水使内蒙古河段河槽发生了冲刷（冲刷量约 1.92 亿 t），漫滩水流造成滩地淤积（淤积量约 2.03 亿 t），平滩流量有所增大（断面平滩流量增大 200～500 m³/s），一定程度上改善了局部河道的不利形态（如内蒙古河段黑赖沟汇合口处畸形河湾自然裁弯），增大了中水河槽的过

流能力。2012 年后,内蒙古河段平滩流量达到 2 000 m³/s 左右,未来几年若不遭遇十大孔兑集中来沙淤塞干流河道或干流持续不利的来水来沙条件,目前 2 000 m³/s 的中水河槽过流能力或维持几年,但从长期来看,若宁蒙河段水沙条件维持在 1986 年以来的水平,冲积性河流河道形态要与来水来沙条件相适应,则中水河槽过流能力将保持在 1 500 m³/s 左右。

图 3-16　三湖河口断面平滩流量变化

从图 3-16 可以看出,内蒙古河段过流能力经历了 4 000 m³/s、2 000 m³/s 和 1 500 m³/s 等阶段。其中,1968~1990 年可以作为平滩流量约 4 000 m³/s 的代表年段,1991~1998 年可以作为平滩流量约 2 000 m³/s 的代表年段,1999~2010 年可以作为平滩流量约 1 500 m³/s 的代表年段。

3.2.3.2　工程边界条件变化

黄河宁蒙河段堤防经历代不断整修,目前大部分河段沿河两岸已建成连续堤防以及部分河道整治工程,河防工程的建设一定程度上阻挡了洪水泛滥,为保障两岸经济社会的快速发展做出了重要贡献。经济社会发展的同时,河道上修建的交通桥梁也在不断增加,特别是 2000 年以来,宁蒙河段桥梁建设速度加快,该时期所建桥梁占全部桥梁总数的 50% 以上。截至 2011 年,宁夏河段已建、在建桥梁 19 座,浮桥 4 座;内蒙古河段已建、在建桥梁 31 座,浮桥 9 座。这些桥梁往往集中分布在城市河段及其附近,桥梁密度相对较高,且桥位处的河道宽度相对较窄,这对汛期河道行洪以及凌汛期流冰可能产生不利影响。

3.2.3.3　河道边界条件变化对凌情影响分析

三湖河口断面河道冲淤变化能基本反映巴彦高勒至头道拐河段整体的冲淤变化,也能较好地反映凌情变化,故选择三湖河口断面分析河道过流能力变化对凌情的影响。

1. 中水河槽过流能力与封河流量的相关分析

点绘三湖河口站平滩流量与宁蒙河段封河流量(宁蒙河段首封河段一般位于三湖河口—头道拐河段,以宁蒙河段首封时三湖河口站前三天平均流量作为封河流量,下同)的关系见图 3-17,可以看出,由于封河流量与上游来水流量关系密切,1968 年以来封河流量主要受到上游刘家峡水库控制下泄流量的影响,故实测的封河流量与平滩流量的关系散点较为凌乱,表明实测封河流量与平滩流量关系并不密切。

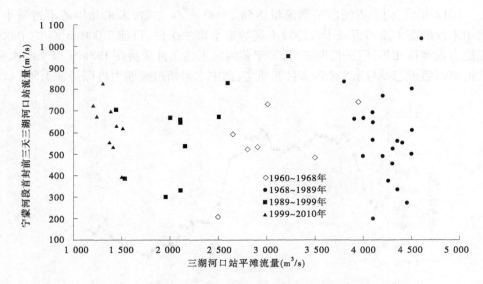

图 3-17　宁蒙河段封河流量与平滩流量关系

1998 年以前,封河流量为 270 ~ 930 m³/s,由于中水河槽过流能力较大,封河期冰盖多数年份绝大部分时间在主槽内(1968 ~ 1998 年封河期水位高于平滩水位 1 020 m 的有 1976 ~ 1977 年 5 d、1980 ~ 1981 年 1 d、1992 ~ 1993 年 3 d、1995 ~ 1996 年 1 d,其他时间均低于 1 020 m),槽蓄水增量相对较小;1998 年以后,封河流量为 480 ~ 680 m³/s,由于中水河槽过流能力较小,封河期大部分时间冰盖溢出主槽(1999 ~ 2010 年封河期水位高于平滩水位 1 020 m 的年平均天数达到 62.9 d,占封河期总天数的 63%),升至滩面以上,槽蓄水增量相对较大。这表明虽然实测封河流量与平滩流量没有直接的相关关系,但当中水河槽过流能力较大时,若以控制封河期冰面不上滩或上滩水深较小为目标(有利于防凌安全),控制的封河流量可以适当增大。

2. 中水河槽过流能力与稳封期过流能力的相关分析

点绘三湖河口断面不同时期汛期和稳封期(稳封期指封河期扣除封河初期流量下降至恢复,以及开河关键期至开河当天这两个时段以外的时间,下同)的水位流量关系(见图 3-18 ~ 图 3-20),可以看出,1968 ~ 1990 年三湖河口断面平滩水位 1 020 m 以下中水河槽过流能力,汛期平均在 4 500 m³/s 左右,稳封期在 800 ~ 1 000 m³/s,稳封期水位超过 1 020 m 的极少;1991 ~ 1998 年 1 020 m 过流能力,汛期平均在 2 100 m³/s 左右,稳封期在 500 ~ 900 m³/s,稳封期仅有少量水位超过 1 020 m;1999 ~ 2010 年 1 020 m 过流能力,汛期平均在 1 500 m³/s 左右,稳封期仅有 300 ~ 600 m³/s,且稳封期较大一部分水位超过 1 020 m。说明中水河槽过流能力对凌汛期水位影响较大,中水河槽过流能力大,稳封期冰下过流能力也大;近年来由于中水河槽过流能力减小较多,稳封期水位较高,稳封期冰盖升至滩面以上。

3. 中水河槽过流能力与槽蓄水增量的相关分析

槽蓄水增量的形成过程较为复杂,影响槽蓄水增量大小的因素较多,其中中水河槽过流能力的大小对槽蓄水增量的大小影响较大。

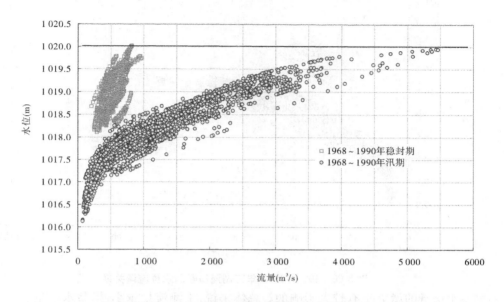

图 3-18　1968～1990 年三湖河口断面水位流量关系

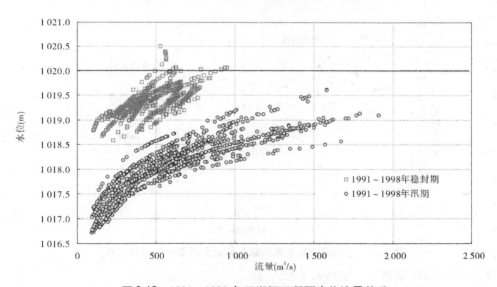

图 3-19　1991～1998 年三湖河口断面水位流量关系

点绘内蒙古河段三湖河口站平滩流量与年最大槽蓄水增量的关系见图 3-21,可以看出,20 世纪 90 年代以前,内蒙古河段中水河槽过流能力在 4 000 m³/s 左右时,封冻主要发生在河槽,最大槽蓄水增量一般不超过 14 亿 m³;20 世纪 90 年代,内蒙古河段中水河槽过流能力逐步下降,该时期最大槽蓄水增量也呈增大趋势。2000 年以来,内蒙古河段中水河槽过流能力在 1 500 m³/s 左右,凌水漫滩,封冻发生在主槽和滩地,该时期大多数年份的最大槽蓄水增量超过 14 亿 m³,最小约为 12 亿 m³,最大接近 20 亿 m³。很明显,中水河槽过流能力越小,出现最大槽蓄水增量超过 14 亿 m³ 的次数越多,中水河槽过流能力大小

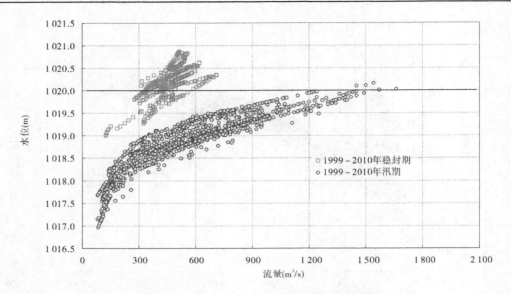

图 3-20　1999～2010 年三湖河口断面水位流量关系

对槽蓄水增量的增大是有较大影响的。总体来说,平滩流量越小,槽蓄水增量越大,反之越小。

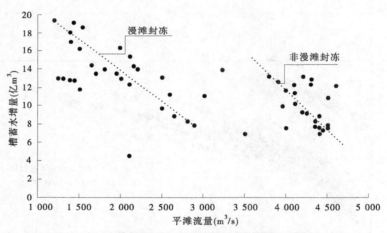

图 3-21　三湖河口站平滩流量与年最大槽蓄水增量的关系

4. 中水河槽过流能力与凌洪流量的关系

表 3-24 是不同时期、不同平滩流量下开河期头道拐凌洪过程与石嘴山—头道拐河段槽蓄水增量释放量的分析表。从表 3-24 中可以看出,平滩流量较大时期(1968～1990年,约 4 000 m³/s)与平滩流量较小时期(1999～2010 年,约 1 500 m³/s)的洪水水量、洪水历时相差较大。平流量较大时,由于凌汛期水位一般不漫滩,槽蓄水增量小、槽蓄水增量释放归槽时间比较集中,形成的凌洪过程多为尖瘦型,因此头道拐凌洪历时短,平均约 10 d;平滩流量较小时,虽然上游水库在开河时减小来水,但是由于大部分年份较多河段漫滩、槽蓄水增量大,槽蓄水增量释放量大,释放水量归槽时间不集中,释放时间长,形成的洪水过程多为矮胖型,因此头道拐凌洪历时长,平均为 20 d。

表 3-24　开河期不同平滩流量头道拐凌洪过程与石嘴山—头道拐河段槽蓄水增量释放量分析

时段	凌洪历时 (d)	场次平均流量（m³/s）			场次水量（亿 m³）	
		头道拐	石嘴山—头道拐槽蓄水释放	差值	头道拐	石嘴山—头道拐槽蓄水释放
1968～1990	10	1 080	587	493	8.98	4.77
1999～2010	20	1 092	681	411	18.12	11.15

5. 河道边界条件变化对凌情的影响

宁蒙河段由于受两岸地形的控制,形成峡谷河段与平原河段相间出现的格局,其中内蒙古巴彦高勒至头道拐河段是平原冲积性河段,是防凌问题最突出的河段,其善变的河道形态对凌情有较大的影响。1950～2010 年内蒙古河段大小冰坝发生次数的统计结果表明,超过 50% 的冰坝发生在三湖河口至头道拐河段,其主要原因是该河段平面形态以弯曲性为主,由于局部河段的河湾半径小、弯曲幅度大（2012 年三湖河口至头道拐河段河道地形统计的河湾参数结果表明,55 处河湾中有 31 处河湾的中心角大于 90°）,形成的畸形河湾对排凌影响较大,容易卡冰结坝,如鄂尔多斯市段的扬盖补隆、三湖河口、贡格尔、王根圪卜、大如旺、色气、昭君坟,包头段的东坝、南海子、李五营子、五犋牛等河湾历史上均不同频次地发生过卡冰结坝。2007～2008 年度发生溃堤险情的原因之一就是在三湖河口以下河湾发生了卡冰,导致河湾上游水位持续增高,三湖河口站水位达到历史最高,受持续高水位影响,内蒙古杭锦旗独贵塔拉镇奎素段黄河大堤先后发生两起溃堤险情,实践经验表明,畸形河湾是诱发冰塞、冰坝的主要原因之一。另外,1986 年以来,由于进入宁蒙河段的水沙关系恶化,宁蒙河段淤积尤其是内蒙古河段巴彦高勒至头道拐河段淤积严重,使该河段中水河槽过流能力急剧下降,从 20 世纪 80 年代初的 4 000 m³/s 左右降低至 1 500 m³/s 左右（时间截至 2010 年）,凌汛期冰下过流能力受其影响也相应降低,凌汛期间表现出河道水位高且历时长、多数年份漫滩、槽蓄水增量大,对封河期和开河期防凌不利。

凌汛期已建浮桥两岸引桥、跨河大桥桥墩的阻水影响以及在建桥梁施工期间的围堰、栈桥等阻水影响,使过流面积减小、过流能力降低,由于流速减小,封河期易在此河段首先封冻,并使同等水力和热力条件下封河时间提前,如 2005～2006 年度首封地点出现在包头市九原区画匠营铁路桥处;2006～2007 年度、2007～2008 年度、2008～2009 年度首封地点出现在包西铁路特大桥处及其附近（该大桥于 2005 年 12 月开工,2008 年 11 月完工）;2009～2010 年度首封地点出现在德胜太黄河二桥附近（主要桥墩施工遗留有土围堰,致使桥梁下过水宽度仅有 100 m 左右,上游来冰在此卡堵封冻）;2010～2011 年度首封地点出现在包树公路桥上游 300 m 处（该大桥于 2007 年开工,2011 年完工）。另一方面,在浮桥和跨河大桥处出现首封之后,由于上游产生的大量冰花下泄,极易在浮桥和跨河大桥处形成冰花下泄受阻,导致行凌不畅,严重时发生冰塞。而在开河期,冰盖受桥墩挤压撞击破碎,大量的冰块下泄,也容易在下游河道狭窄弯道处形成冰塞、冰坝等事故,威胁防凌安全。根据 2009～2010 年度开河期凌情观测资料,三湖河口下游的奎素大桥、巨河滩大桥、喇嘛湾大桥均有明显的阻冰作用。

3.2.4　近期凌情变化成因分析

近期宁蒙河段凌情较 2000 年前发生了显著变化。这种变化是多种因素综合作用的结果,其中气温变化、河道过流条件、上游水库调度是主要的因素,河道主槽过流能力变化是重要影响因素。

近年来,宁蒙河段冬季气温总体偏暖,构成利于防凌的热力条件,气温极值事件较多且交替出现也给防凌安全带来威胁。与前期相比,近期宁蒙河段的气温总体偏暖,如包头气象站 1954～1986 年累积负气温均值为 −1 067 ℃,而近期为 −793 ℃,升高 274 ℃。在冬季气温偏暖背景下,加之人类活动等因素的综合影响,减缓了河道内冰凌形成条件,有利于热力开河,导致内蒙古河段流凌、封河日期较晚、开河日期提前。在气温总体偏暖的基础上,气温极值事件较多且交替出现,造成了河段出现了"二封二开"的情况,使得防凌问题更为复杂。

河道平滩流量减小、涉河建筑物增加,影响了河段冰凌输移,构成不利于防凌的河道边界条件。近期,由于河道过流能力较前期显著降低,槽蓄水增量增加明显,加上气温条件偏暖导致的封、开河形势变化等其他因素影响,致使河道内壅水严重,封、开河期间各水文站最高水位上升,三湖河口站凌汛期最高水位上升明显。而桥梁等跨河建筑物的影响,也是河段封开河、壅水的另一个重要的影响因素。同时,由于内蒙古河段的槽蓄水增量增加,开河期温度上升后槽蓄水增量释放较集中,使得开河最大 10 d 洪量增加;由于开河关键期上游水库压减流量、减小动力因素影响,凌汛期水位高、冰凌上滩情况普遍,河道槽蓄水增量较大,头道拐站的过流能力较小,使得槽蓄水增量释放时间较长,导致开河期凌洪过程历时延长,加重防凌问题的复杂性。

相对合理的水库防凌调度及防凌工程运用,构成了利于防凌的水动力条件。近期,流凌封河期上游水库控制适宜的封河流量,减少冰塞发生;封河后,控制流量平稳、缓慢递减,维持较稳定的冰盖,减少冰塞、冰坝的发生;开河关键期,进一步压减流量,减少动力条件对开河的影响,使得内蒙古河段"武开河"次数减小,"文开河"次数增加。但是,由于凌情受多种因素的共同影响,突发性强、难预测,水库防凌作用有限,而且大量跨河建筑物的施工、建设,使得河道条件日趋恶化,因此宁蒙河段冰塞、冰坝等险情依然存在。

3.3　上游河道致灾凌情特点及成因

3.3.1　典型年份凌情

(1)1997～1998 年。宁蒙河段凌汛期首次出现"二封二开"的情况,第一封河流量较小,封河时间早,开河快;第二次封河时间接近常年,封河速度快,开河时间早且速度快,槽蓄水增量集中释放,形成高水位,凌峰流量大;封、开河时,局部有凌灾。本年度出现"二封二开"凌情,主要由气温的异常变化引起。1997 年 11 月中旬受西伯利亚较强冷空气的影响,黄河内蒙古河段沿线气温转负,17 日昭君坟断面上游 1.9 km 处首次封河。11 月下旬,内蒙古河段气温回升,日平均气温全部转正。因封河河段冰层较薄,加上刘家峡水库流量增大,同时宁夏河段冬季引水停止,退水增加,致使河段水量增大,在高气温和相对较大的水流作用下,水鼓冰开,首次封冻河段于 11 月 25 日全部开通。11 月 26 日以后内蒙古河段各站的日平均气温又开始转负,12 月 1 日昭君坟断面以上第二次封河。开河期间,内蒙古河段气温比历年平均值偏高约 6 ℃,导致开河速度快,封河期槽蓄水增量集中释放。

(2)2000 ~ 2001 年。宁蒙河段封河天数长;三湖河口站以下分段开河;槽蓄水增量大,集中在 3 月中旬释放;封开河期间出险,乌前旗、包头市等部分河段大堤偎水,三湖河口断面漫滩,造成直接经济损失 2 149 万元。主要原因为:①凌汛期冷空气对宁蒙河段凌情影响较早,造成内蒙古河段最早于 11 月 16 日封河,较常年提前 17 d;②由于封河较早,宁夏引黄灌区冬灌引水尚未结束,导致小流量封河,封河后冰下过流能力较弱,不利于冰凌输送;③在小流量封河情况下,由于后期灌区退水的影响,河道内槽蓄水增量持续增长,最大达 18.70 亿 m^3,较多年均值大 74%,河段壅水严重,2000 年 12 月 3 日三湖河口水位达 1 020.57 m,为该站有资料以来截至当年的历史最高水位。由于龙羊峡、刘家峡水库距离宁蒙河段较远,对实时凌情无法做到及时控制,导致了凌灾险情的出现,也充分暴露了黄河上游防凌体系不完善的问题。

(3)2005 ~ 2006 年。开河期三湖河口站持续高水位,三湖河口断面自 2 月 27 日起水位持续上涨,3 月 4 日水位达 1 020.81 m(相应流量 772 m^3/s),超过 1964 年历史最高洪水位 1 020.74 m(相应流量 5 210 m^3/s),为该站有资料以来截至当年的历史最高水位,也为该站历史第二高水位;高水位一直持续到 3 月 5 日,之后水位开始回落。主要原因为:①流凌至首封历时短,河段封冻发展速度快,首封后封河速度快,致使大量槽蓄水滞留在三湖河口以上河段,宁夏河段开河后上游水量向下传播受阻壅水造成水位偏高等;②近年内蒙古河道淤积、主槽萎缩、河床抬高、过流能力明显变小是开河期三湖河口站持续高水位的主要原因。

(4)2007 ~ 2008 年。开河期,由于封冻河段长、冰盖厚,宁夏河段开通时间为 20 世纪 90 年代以来最晚;3 月上中旬宁蒙河段气温异常偏高,开河速度较快,呈分段开河形势;三湖河口水位连续创历史新高(2008 年 1 月 9 日起三湖河口断面水位一直持续上涨,1 月 24 日达 1 020.84 m,超过历史最高水位 1 020.81 m;2 月 22 日水位又涨至 1 020.85 m,再创历史新高;受上游河道解冻及下游冰塞影响,3 月 18 日 8 时水位达 1 020.87 m,再次刷新历史纪录;其后,3 月 20 日水位最终涨至 1 021.22 m,创造三湖河口站最高水位),高水位持续时间长;共有 6 处卡冰结坝,最大壅水高度达到 0.8 m。本年度宁蒙河段凌情主要成因为:①气温异常造成不利的封、开河形势,凌汛期宁蒙河段气温起伏变化剧烈,11 ~ 12 月内蒙古河段磴口、包头、托县三站气温较常年同期偏高 2 ~ 4 ℃,1 ~ 2 月三站气温较常年同期偏低 1 ~ 2 ℃,3 月三站气温较常年偏高 3 ~ 4 ℃,对封、开河防凌形势极其不利。②河道淤积严重、平滩水位低、过流能力小,流凌不畅;河道内大量浮桥、跨河大桥等河道工程兴建,容易导致在河面狭窄处形成冰坝,造成水位壅高。③来水较丰,兰州站来水较 1999 ~ 2007 年均值大 7.3%,影响了刘家峡水库的下泄流量,导致下泄总水量较大,加之头道拐断面的过流能力较小,导致了河段的大量壅水,槽蓄水增量较大。④刘家峡水库距离宁蒙河段远,在遇到异常变化的气温条件下,水库压减流量时机略晚。⑤槽蓄水增量分布不均且年最大槽蓄水增量出现时间较晚,年最大槽蓄水增量为 18.0 亿 m^3,出现在 3 月

10日,主要集中在三湖河口—头道拐河段,造成了河段壅水严重,且在形成凌灾后集中于一个河段释放,造成了很大的凌灾损失。

3.3.2　致灾凌情成因分析

从典型凌情年份凌情特点及成因分析结果可以看出,可能造成冰凌灾害的严重凌情一般发生在流凌封河期、封河期和开河期。凌汛不同阶段的致灾凌情特点及成因如下:

(1)流凌封河期形成冰塞壅高水位、威胁堤防安全。

①上游来水量大、流凌时间长、河道内堆冰量大、冰塞壅水严重。封河水位沿程普遍偏高,宁夏河段和三湖河口至包头河段经常出现这类凌情。如1988~1989年,上游来水量偏大,致使三湖河口以上河段封河水位高,出现冰塞,引发险情。

②封河冰盖较低或冰盖厚度偏大,水位抬升,引发险情。如1992~1993年度,封河冰盖较低,封河期间气温降幅较大,且总体气温偏低,河道封冻后,冰盖下产生大量冰花,冰盖增厚,减小了过水断面,使得水位上升,甚至出现水流越过冰盖,出现了层水层冰现象,导致严重冰塞,引发险情。在2004~2005年度封河期间,首封位置以下河段冰层厚,封河冰面低、过流能力弱,造成行凌不畅,发生了卡冰结坝的险情。2000~2001年度,由于封河较早,宁夏引黄灌区冬灌引水尚未结束,导致小流量封河,致使封河后冰下过流能力较弱,引发河段严重壅水。

③封河提前、流量小、冰盖低,封河后气温回升,形成冰塞壅水。1993~1994年度,在强冷空气影响下,内蒙古河段提前封河,三湖河口一带封河流量较小、冰盖低,此时宁夏沿黄灌区停灌,大量退水与刘家峡水库的前期泄流汇于河道,加大了三湖河口以上河段的槽蓄水增量,冰下过流不畅,在较大流量作用下,水流挟带大量冰块下泄,形成冰塞,堵塞河道,致使水位迅猛上涨、堤防决口。2005~2006年度,流凌至首封历时短,河段封冻发展速度快,首封后封河速度快,致使大量槽蓄水滞留在三湖河口以上河段,宁夏河段开河后上游水量向下传播受阻壅水造成水位偏高等,致使开河期三湖河口站持续高水位,屡破纪录。

④封河时气温变幅较大,封河期冰层较薄,封、开河交替,容易造成冰塞。1994~1995年度气温变化大,致使局部地区封河期间河面几度反复封开,形成冰塞壅水,封河凌汛灾害较重。1997~1998年度凌汛期出现"二封二开",形成严重冰塞,凌水漫滩。2001~2002年度,封河期间气温大幅度回升,封河界面上下错动,河道主流发生冰塞,引起水位迅猛上涨,民堤决口。

(2)封河期水位高、槽蓄水增量大、堤防偎水时间长,形成渗漏管涌等险情和凌灾。如2004~2005年度,凌汛期封河期冰层厚,封河水位偏高,槽蓄水增量大,堤防偎水段落长、偎水深度大。由于内蒙古河段堤防土质较差,凌汛期在长时间高水位作用下,部分河段出现了严重的渗漏、管涌险情。

(3)开河期气温急剧波动,增加开河形势的不稳定性及壅水成灾概率。在开河期,当遇气温回升快、槽蓄水增量较大时,会引发槽蓄水增量的集中释放,导致卡冰结坝壅高水位,堤防长时间偎水或决口致灾。1997~1998年度凌汛期出现"二封二开",第二次封河时冰盖低、冰下过流能力小,封河后期上游来水量增加,槽蓄水增量较大;开河期,内蒙古河段气温明显偏高,导致开河速度快,槽蓄水增量集中释放,形成高水位、大流量;黄河大堤普遍偎水;内蒙古河段有三处发生严重卡冰。2007～2008 年度凌汛期间,宁蒙河段气温起伏变化剧烈,开河进入内蒙古河段后,开河速度较快,三湖河口站水位接连刷新该站建站以来最高水位,导致两处溃堤。

3.4　黄河上游现状防凌形势

3.4.1　凌汛主要成因变化对防凌安全影响分析

(1)刘家峡水库运用后凌汛期下泄流量增大,与建库前相比凌汛期动力条件增大。刘家峡水库运用后,凌汛期平均下泄流量较建库前增大,凌汛期进入宁蒙河段的流量增大。根据统计,刘家峡水库运用后凌汛期 12 月至翌年 3 月进入宁蒙河段的流量较建库前增大了 150 m^3/s 左右。在宁蒙河段河道逐渐淤积抬升,特别是近期主槽淤积严重萎缩的情况下,流量增大会加剧水位的抬升,同时增加槽蓄水增量,对防凌不利。龙羊峡水库运用后,近期宁蒙河段凌汛期流量与刘家峡水库运用后相差不大。

(2)冬季气温总体偏暖背景下,近年来异常气温变化对防凌产生不利影响。在冬季气温总体回暖情况下,封、开河期出现一些异常冷暖情况,对防凌带来不利影响。如 2008 年春开河时气温急剧升高,槽蓄水增量急剧释放,较大凌峰流量提供了搬移大量冰凌和冰凌聚堵能力,为下游易堵塞河段提供了充分冰凌条件,是对防凌不利的开河形势。

(3)主槽淤积萎缩严重影响防凌安全。内蒙古河段中水河槽淤积萎缩造成中小流量水位明显抬高,洪水漫滩概率增大,局部河段在发生冰塞、冰坝时,凌汛洪水位急剧上涨漫滩,危及滩区群众和堤防安全。另外,凌汛期冰下过流能力也相应下降,且恢复较慢,由此引起宁蒙河段的凌汛期槽蓄水增量不断增加。

(4)河道内涉河建筑物增多对防凌安全不利。截至 2011 年,宁蒙河段已建、在建桥梁 40 座,浮桥 13 座,且多数集中在城市河段(如包头市画匠营子险工附近 1.5 km 范围内建设有包沈铁路桥、G210 黄河大桥、包茂公路大桥)。桥墩阻水使流速减小,封河期易在此河段首先封冻,并使同等水力和热力条件下封河时间提前。在浮桥和跨河大桥处出现首封之后,由于上游产生的大量冰花下泄,极易在浮桥和跨河大桥处形成冰花下泄受阻,导致行凌不畅,严重时发生冰塞。而在开河期,冰盖受桥墩挤压撞击破碎,大量的冰块下泄,也容易在下游河道狭窄弯道处形成冰塞、冰坝等事故,威胁防凌安全。

3.4.2　凌灾造成的损失增大,对防凌安全提出更高要求

内蒙古河段 1950～1968 年,平均每年凌灾直接经济损失 15.12 万元;1969～1986 年(龙羊峡运行前),平均每年凌灾直接经济损失 1 182 万元;1987～2008 年,平均每年凌灾直接经济损失 8 546 万元。可以看出,由于沿河两岸经济社会的快速发展,凌灾造成的直接经济损失越来越大。因此,沿河两岸地区对黄河宁蒙河段防洪防凌的要求越来越高,该地区防洪防凌安全,直接关系到两自治区社会经济的可持续发展和政治的稳定。

3.4.3　防凌工程体系不完善,不能确保河段防凌安全

从现状防凌工程的建设运用情况看,目前的防凌工程体系尚不够完善,难以有效控制

宁蒙河段的冰凌洪水。刘家峡水库距离宁蒙防凌重点河段较远,实际调度过程中难以及时、有效处置突发凌情;防凌应急分洪区运用较为粗放;目前两岸堤防局部河段质量较差;河道整治工程少,基础薄弱,布局不合理,还不能形成有效的控导体系。

总体来看,目前影响宁蒙河段凌情的不利因素仍较多,凌汛灾害仍时有发生,宁蒙河段防凌工程体系尚不完善,防凌非工程措施也存在一定问题,而且经济发展使得凌灾损失增加,因此现状宁蒙河段防凌形势仍较严峻。

3.5　本章小结

宁蒙河段凌汛成因及防凌形势分析,是开展防凌措施研究的基础。本章主要工作及成果小结如下:

(1)从凌情特征日期、凌情特征指标、槽蓄水增量、封开河水位流量、冰塞及冰坝等方面分析了宁蒙河段凌情变化,并总结了近期凌情特点。分析结果表明,近年来宁蒙河段流凌、封河时间推迟,开河提前,封河期缩短;年最大槽蓄水增量显著增加,最大值出现时间推后;封、开河最高水位有所上升,巴彦高勒站、三湖河口站凌汛期最高水位上升明显;"武开河"次数减小,开河最大 10 d 洪量增加,开河期凌洪过程历时延长;冰坝发生次数减小;凌灾损失增加。

(2)从来水、河段气温及河道边界条件等方面分析了宁蒙河段凌汛成因。刘家峡水库运用后,宁蒙河段凌汛期的过水量增加,下河沿站、石嘴山站、头道拐站主要是 12 月至翌年 3 月的水量增大,一定程度上增加了凌汛期的槽蓄水增量;龙羊峡水库运用后,宁蒙河段凌汛期流量与刘家峡水库运用后相差不大。宁蒙河段近 20 年来冬季呈现变暖趋势,在此过程中宁蒙河段冬季"上暖下冷"差异程度有所减小,但异常升降温事件频繁发生,导致封、开河形势不稳定,出现"数封数开"的情况,且开河时槽蓄水增量急剧释放,对防凌不利。内蒙古河段平滩流量由 20 世纪 80 年代中期以前的 4 000 m³/s 左右降至 2010年以后的 1 500 ~ 2 000 m³/s,河道过流能力减小较多,使得凌汛期水位升高、高水位历时延长、槽蓄水增量增加;桥梁等涉河建筑物增加也对凌情带来一定影响。

(3)分析了宁蒙河段防凌体系存在问题及现状防凌形势。宁蒙河段两岸堤防仍存在局部河段质量较差等问题,且河道整治工程少、基础薄弱、布局不合理;刘家峡水库距离宁蒙防凌重点河段较远,实际调度中难以有效处置突发凌情,且水库防凌调度与发电、供水、灌溉矛盾突出,水库防凌调度压力大;防凌应急分洪区运用方式粗放,且对黄河水资源配置带来影响。宁蒙河段的防凌工程体系尚不完善,未形成有效的联合防凌机制。凌情基础研究薄弱,凌情预报手段不完善、防凌信息化建设尚不能有效支撑防凌决策,应急破冰技术研究有待加强。

综上所述,由于宁蒙河段各种致灾因素依然存在并不断发展变化,且沿河两岸的社会经济发展变化对防凌的要求不断提高,宁蒙河段的防凌形势依然严峻。从根本上解决黄河宁蒙河段的防凌问题是一项复杂的系统工程,需要多种措施并举,如建设黑山峡水库、优化上游防凌工程调度、加强主要来沙支流和十大孔兑治理、完善宁蒙河段堤防建设、加强冰凌数学模型研究、利用南水北调西线工程补水调水调沙及加强应急破冰方案研究等。

第 4 章　上游河道防凌控制指标研究

　　黄河上游河道凌情突出主要集中在宁蒙河段尤其是内蒙古河段,河道防凌控制指标应重点考虑该河段的防凌需求。通过对宁蒙河段防凌控制指标的研究,结合水库至宁蒙河段区间的流量变化分析,推导水库调控指标,对指导优化水库防凌运用具有重要意义。

4.1　宁蒙河段凌汛期防凌安全控制流量

4.1.1　凌汛期防凌安全控制流量分析要求

　　宁蒙河段凌汛期出现堤防险情及冰塞、冰坝的时段主要在封河期和开河期。流凌封河时,随着气温的降低、流凌密度增加,河道糙率增大、流量减小、水位升高,特别是在封河时,冰花大量聚集阻塞河道,流量快速减小、水位急剧升高。龙羊峡水库运用后,宁蒙河段首封位置一般在三湖河口—头道拐区间,河段首封后,封河逐步向上下游发展,首封河段上游来水流量与首封前差别不大,上游河段的封河流量与首封流量差别不大;首封位置下游河段受已封冻河段阻水影响,封河时流量较小、冰盖较低、过流能力小;封冻河段上下游过流能力的差别,又进一步增加封冻河段上游壅水、抬高上游封河水位。因此,首封及封河发展阶段,一方面由于受气温影响,大量水转化为冰花、冰盖滞留在河道,形成槽蓄水增量;另一方面封冻河段上下游的流量差别较大,使得封冻河段上游水位壅高,进一步加大槽蓄水增量,同时易形成严重冰塞,造成灾害。可见,从首封至河道全部封冻的封河发展阶段是影响防凌形势的一个关键时段。

　　河道全部封冻后,进入稳定封冻期,这一阶段由于冰盖完整、冰花下潜量小,河道冰下过流能力比封河发展阶段大,是凌汛期防凌形势相对较稳定的阶段,这一时期如果流量变化较大,会出现冰面不稳、层水层冰等现象,影响河道过流,增大槽蓄水增量,这一时期也是影响防凌形势的一个主要阶段。

　　进入开河期,随着气温的升高,冰凌消融、槽蓄水增量逐步释放,当开河发展到内蒙古河段,巴彦高勒—头道拐河段的槽蓄水增量快速释放时,在内蒙古河段下游会形成明显的凌洪过程,此时流量大、冰块多,在弯道、卡口处易形成冰坝,造成灾害。开河期也是影响防凌形势的关键时段。2007～2008 年度凌汛期宁蒙河段主要水文站的流量、水位过程线见图 4-1。

　　为减少冰塞、冰坝等凌汛险情发生,宁蒙河段凌汛期应主要控制三个时段的流量:一是首封及封河发展阶段,首封时需要控制适宜稍大的封河流量,避免过大、过小流量封河,形成冰塞或对后期防凌形势不利;封河发展阶段,控制适宜的封河流量且缓慢稍有减小,以减小槽蓄水增量。二是在稳定封河阶段,控制流量稳定,维持较稳定的冰盖,避免流量大幅波动,保持封河形势稳定及避免过度增大槽蓄水增量。三是在开河期,尽量减小上游

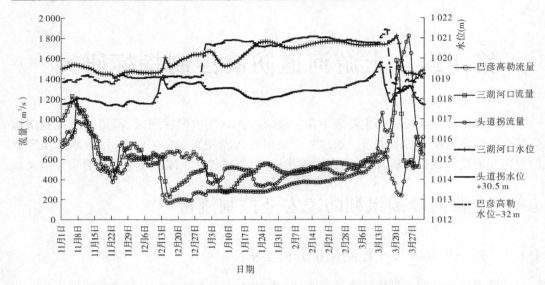

图 4-1 2007～2008 年度凌汛期宁蒙河段主要水文站的流量、水位过程线

来水,减少动力因素影响,缓解槽蓄水增量释放流量,尽量避免"武开河"。

从以上分析可以看出,宁蒙河段凌汛险情主要发生在封、开河阶段,而开河期的防凌形势与前期形成的槽蓄水增量关系密切,因此凌汛期应主要分析与槽蓄水增量形成、发展相关的时段及该时期的控制流量,即主要分析宁蒙河段的封河流量(包括首封和封河发展过程)、稳定封河期安全过流量和开河期的控制流量。

4.1.2 封河期流量控制指标

4.1.2.1 封河流量分析的重点

宁蒙河段首封的位置一般在巴彦高勒—头道拐河段,龙羊峡水库运用后的 20 多年,首封的位置均在三湖河口—头道拐河段。河段首封后,首封位置上游壅水、下游小流量封河,首封时的流量过大可能导致冰塞险情,流量过小会使得下游河道冰下过流能力过低,对整个凌汛期的防凌不利。首封时控制适宜的封河流量,既能避免冰塞发生,又能使河道封冻后保持一定的冰下过流能力,对减少槽蓄水增量、控制凌汛期防凌形势都是非常有利的。封河发展过程中,首封河段上游流量、流速较大,易形成冰塞险情;首封河段下游流量较小,出现险情的概率较小。因此,在封河发展过程中,主要分析首封位置上游河段的封河流量,即封河流量分析的重点,是河段首封流量和首封位置上游河段的封河流量。

4.1.2.2 不发生冰塞及险情年份的封河流量分析

由于封河时河道流量变化较大,封河流量一般指封河前几天较为稳定的河道过流量。受气温变化影响,宁蒙河段封河时间不固定,封河流量受上游水库调度、区间来水、宁蒙河段灌溉引退水等多种因素的影响,封河流量并不稳定且各位置的封河流量不相同。宁蒙河段一般 11 月中旬开始流凌,12 月初首封,采用宁蒙河段首封日前三天三湖河口站的平均流量分析河段首封时的封河流量,采用巴彦高勒站和石嘴山站封河日前三天的流量分析这两处的封河流量。

统计刘家峡水库运用后(1968～2010 年)没有发生严重冰塞及险情年份的封河流量,

认为这些年份的封河流量控制较为合适,并根据宁蒙河段的过流能力变化情况,划分为平滩流量大约为 4 000 m³/s、2 000 m³/s 和 1 500 m³/s 三个时段,分析不同河道过流能力条件下的封河流量情况,见表 4-1。从表 4-1 看出:①同一平滩流量级,河段首封时封河流量上限值最大(三湖河口站),石嘴山站和巴彦高勒站的封河流量上限值均小于三湖河口站,封河流量上限值从三湖河口站向石嘴山站减小。②随着平滩流量的减小,各站的封河流量上限值相应减小,如三湖河口站,平滩流量约 4 000 m³/s 时封河流量上限值为 953 m³/s,平滩流量为 1 500 ~ 2 000 m³/s 时封河流量上限值为 830 m³/s 左右。

表 4-1 宁蒙河段不同河道过流能力时封河流量分析 (单位:m³/s)

年段	对应平滩流量级	实测封河流量范围			平均封河流量		
		石嘴山	巴彦高勒	三湖河口	石嘴山	巴彦高勒	三湖河口
1968 ~ 1990	约 4 000	354 ~ 795	337 ~ 712	204 ~ 953	540	586	537
1991 ~ 1998	约 2 000	271 ~ 458	431 ~ 730	300 ~ 829	371	548	557
1999 ~ 2010	约 1 500	248 ~ 574	483 ~ 642	387 ~ 826	477	562	614

注:三湖河口站封河流量为河段首封时间对应流量。

从实际未发生严重冰塞及险情年份的封河流量分析结果看,宁蒙河段平滩流量约 4 000 m³/s 时,封河流量上限值,三湖河口站为 950 m³/s、石嘴山站为 800 m³/s;平滩流量约 2 000 m³/s 时,封河流量上限值,三湖河口站为 830 m³/s、巴彦高勒站为 730 m³/s;平滩流量约 1 500 m³/s 时,封河流量上限值,三湖河口站为 830 m³/s、巴彦高勒站为 640 m³/s、石嘴山站为 570 m³/s。

4.1.2.3 发生冰塞及险情年份的实测封河流量分析

根据《黄河凌情资料整编及特点分析(黄河上、中游部分 1950 ~ 2005 年)》(简称《凌情资料整编》)中关于历年封河期间凌情的描述,找到 1968 年后封河期间发生冰塞及险情的年份,共 10 年(见表 4-2)。表 4-2 中水文站和首封河段封河流量的计算是根据封河日期前三天流量的计算值,由于封河期间流量变化较大,个别年份封河日前三天的流量并不能很好地说明封河流量,因此又根据历年各水文站的封河流量过程和《凌情资料整编》中的文字记录,统计分析了各年的封河流量。

从表 4-2 中可以看出,1989 年之前的三年,宁蒙河段过流能力较大(主槽平滩流量约 4 000 m³/s)时,封河期发生冰塞或险情的年份,表现为封河流量大,各年首封流量大于或等于 900 m³/s。20 世纪 90 年代的 4 年(平滩流量约 2 000 m³/s),封河流量均达到 800 m³/s 左右,导致封河期出现冰塞或凌汛险情。2000 年封河早,首封流量过小,仅为 350 m³/s 左右,封河后上游来水较大,导致首封河段上游水位高、出险。2001 年封河流量适中,为 600 m³/s 左右,但气温变化较大,导致封河后冰块移动形成冰塞。

因此可以认为,宁蒙河段平滩流量约 4 000 m³/s 时,封河流量超过 900 m³/s 易出现冰塞等险情;平滩流量约 2 000 m³/s 时,封河流量超过 800 m³/s 易出现冰塞等险情;平滩流量约 1 500 m³/s 时,封河流量超过 750 m³/s 易出现冰塞等险情。封河流量过小(小于 400 m³/s)也容易导致封河河段上游壅水,发生险情。

表 4-2　封河期宁蒙河段发生冰塞及险情年份的封河流量分析

凌汛年度	水文站封河流量（m³/s）				河段首封流量（m³/s）	封河形势描述	封河流量
	石嘴山	巴彦高勒	三湖河口	头道拐			
1975～1976	367	787	768	288	768	全河段于 11 月 21～22 日先后流凌,流凌时河道流量大。三湖河口 11 月 24 日封冻,大部分河段 12 月 11～12 日封冻。封河时流量大,多在 900～1 100 m³/s,水位高,槽蓄水增量较常年多 2.43 亿 m³。封河时涨水最多达 2.77 m,河水靠堤,防洪大堤多处发生管涌、滑坡、坍塌等险情	封河时流量大,多在 900～1 100 m³/s
1988～1989	654	804	670	271	663	包头以上封河水位高,五原、磴口冰塞,磴口防洪大堤渗水管涌	巴彦高勒封河前较稳定流量为 890 m³/s 左右
1989～1990	—	764	810	—	834	气温高,流凌时间长,封冻迟。封河流量在 800 m³/s 左右。1989 年汛期黄河右岸十大孔兑爆发大洪水,在入黄口形成了沙坝,至开河期间仍未全部消除。封冻期间两处冰塞,分别位于达旗大树湾、准格尔旗马栅,11 个村受灾	河段首封流量 880 m³/s 左右,封河流量 800 m³/s 左右
1992～1993	271	730	654	778	672	首封位置靠下,准旗头道拐上游。封河时堤防决口,发生冰塞。决口和冰塞位置不确定	封河前头道拐流量约为 800 m³/s
1993～1994	485	763	381	397	650	冷空气入侵幅度大、封河早,三湖河口以上封河水位高,三盛公闸下游冰塞、水位超千年一遇洪水位,封河时堤防决口	巴彦高勒封河前期稳定流量约为 800 m³/s
1994～1995	730	672	564	870	658	封河偏晚、气温变化大,封河期间局部地区几度反复封开河,形成冰塞多,乌海市王元地段、阿左旗封河期受灾	封河前期稳定的流量为 800 m³/s 左右

续表 4-2

凌汛年度	水文站封河流量(m³/s)				河段首封流量(m³/s)	封河形势描述	封河流量
	石嘴山	巴彦高勒	三湖河口	头道拐			
1998 ~ 1999	451	589	599	243	670	河段首封在包头市郊南海子河段,12 月 4 日。流凌封河期间,龙羊峡、刘家峡水库下泄流量较前几年同期大 100 ~ 200 m³/s。封河后,上游来水量大,下游河道过流小,水位高。高水位致昭君坟以上河段近 320 km 堤防偎水,多处管涌、局部出现严重渗漏	判断首封时流量在 750 ~ 800 m³/s
2000 ~ 2001	—	483	735	226	387	11 月 16 日包神铁路下游先封,封河期间,包神铁路上游水位较常年普遍偏高,部分滩地过水、堤防吃水,个别河段渗水严重,出现塌坡等险情。河段首封早、首封流量小,首封时流量为 350 m³/s 左右;封河流量小,首封河后,三湖河口持续 10 多 d 流量在 750 m³/s 左右,由于封河堵水河段槽蓄水增量大	首封时流量为 350 m³/s 左右
2001 ~ 2002	510	592	572	161	630	封河晚,首封在包头附近的土默特右旗康换营子村。封河快,气温大幅变化,乌海境内冰块移动,发生冰塞,乌海市民埝决口,受灾	河段首封流量约 600 m³/s

注:"—"表示未封冻。

4.1.2.4　汛期发生大洪水、凌汛期封河流量较大的年份分析

由于宁蒙河段凌情复杂,凌汛期封河形势不仅与封河流量相关,还与气温、河道过流能力等多种因素有关,当河道过流条件好、气温有利时,封河流量大也并不一定会发生冰塞等险情。因此,又选择了 1967 年、1976 年、1978 年、1981 年、1989 年、2012 年等 6 年,汛期发生大洪水、凌汛期河道过流能力较好、封河流量较大且宁蒙河段基本没有封河期凌灾记录的年份,分析河道过流条件较好时封河流量的上限值。各年度封河形势及封河流量描述见表 4-3。

表4-3　汛期大洪水年份凌汛期封河流量分析

凌汛年度	封河形势描述	封河流量	灾害记录
1967～1968	寒潮早,渡口堂以下11月9～12日流凌,流凌期河道流量多在750～1 000 m³/s,三湖河口以下河段高达1 380 m³/s。12月初自下而上封冻,10日全河段封冻。封河时流量大、封冻水位高、槽蓄水增量较常年多且集中在三湖河口以上河段。封冻后气温较常年偏低较多,致使封冻冰层增加很快,普遍都在0.9 m以上,最大的达1.78 m。因刘家峡水库闸门漏水,河道流量增大较多,封冻后石嘴山—三湖河口河段冰下最大过流量达968～1 100 m³/s,在渡口堂附近河段水鼓冰裂、冰层重叠冻结,冰面出现堆冰,有些河段水从冰上流,层冰层水,总厚度超过4 m	封河时流量波动较大,判断首封时流量在500～800 m³/s	封河期无灾害记录,但开河期由于冰层厚、水量大、卡冰结坝不断发生,头道拐凌峰3 500 m³/s,绝大部分堤防上水,开河形势较为紧张
1976～1977	内蒙古河段全段于11月11～14日流凌,昭君坟以下流凌1～2 d即封冻,第一次封河流量不大。由于来水和气温骤变,渡口堂河段封冻后不久,流量增大很多,最大时达1 000 m³/s以上,水鼓冰开,再度流冰,出现两次封河	第二次封河流量在800～900 m³/s	无
1978～1979	三湖河口至包头河段12月2日封河。巴彦高勒以上河段12月1～3日流凌,由于气温高、流量大(950～1 100 m³/s),巴彦高勒以上河段12月24日后才陆续封冻	判断首封时流量为850～900 m³/s	无
1981～1982	寒流入侵早、降温多。11月8日三湖河口以下流凌,11月28日由包头段的磴口村向上逐段碛封,内蒙古乌海市以下河段12月5日前相继封冻。封河流量比均值大100 m³/s,但来水很不均匀、变幅大。三湖河口以下河段封河时为500 m³/s以下,巴彦高勒河段封河时流量在800 m³/s以上,使得上游河段冰盖高、下游河段冰盖低。1981年汛期大水,河道普遍冲深,头道拐断面封冻前流速较以前增大一倍;包头磴口村以下河段,弗劳德数超出0.1封冻临界值,使得镫口至托克托河段长116 km河道,主流仅有6小段、4 km封冻,其余冰期一直未封。头道拐断面未封冻。1982年1月内蒙古河段最下游准格尔旗马栅公社河段冰塞较严重	封河流量在800～900 m³/s	内蒙古河段出口有冰塞
1982～1983	流凌封冻晚于常年,流凌封冻时流量较大,在800 m³/s左右,河道槽蓄水增量较常年少2.89亿m³。昭君坟以上河段冰面高,封冻后上游来水减少,气温较常年稍高	800 m³/s左右	无

续表 4-3

凌汛年度	封河形势描述	封河流量	灾害记录
2012 ~ 2013	冷空气入侵早,首凌日期早,首封日期接近常年。12 月 4 日附近首封,首封前三天三湖河口站平均流量 870 m³/s,12 月 5 日三湖河口断面封河,封河前三天平均流量 712 m³/s,巴彦高勒断面 12 月 23 日封冻,封河前三天平均流量 683 m³/s,石嘴山断面 2013 年 1 月 2 日封冻,封河前三天平均流量 680 m³/s。2013 年 1 月 4 日黄河内蒙古 720 km 河段全线稳定封河	判断首封 870 m³/s 左右,封河发展阶段封河流量在 800 m³/s 左右	无

　　1967 ~ 1968 年,封河时流量波动较大,判断首封时流量在 500 ~ 800 m³/s,封河期河道过流能力较大,没有出现凌汛险情。但封冻后因刘家峡水库闸门漏水,河道流量增大较多,石嘴山—三湖河口河段冰下最大过流量达 968 ~ 1 100 m³/s,在渡口堂附近水鼓冰裂、冰层重叠冻结,冰面出现堆冰,有些河段水从冰上流,层冰层水,总厚度超过 4 m。封冻后河道过流量过大,导致开河期形势紧张,多处卡冰结坝不断发生,头道拐凌峰流量 3 500 m³/s,绝大部分堤防上水。这一年的凌情说明,河道过流条件较好时,封河流量不超过 800 m³/s,封河形势较为稳定;封河期河道过流量过大、达到 1 000 m³/s 左右时,对封、开河造成形势非常不利。

　　1976 年、1978 年、1982 年的封河流量为 800 ~ 900 m³/s,由于河道过流条件较好,封河期均没有发生凌汛险情。特别是 1982 年与 1989 年(见表 4-2)的河道平滩流量相似、封河流量相近,但 1989 年由于十大孔兑汛期大洪水,在入黄口形成了沙坝,至开河期间仍未全部消除,使得封河时形成冰塞。

　　1981 年汛期大水,河道普遍冲深,头道拐断面封冻前流速较以往增大一倍;包头磴口村以下河段,弗劳德数超出 0.1 封冻临界值,使得磴口至托克托河段长 116 km 河道,主流仅有 6 小段 4 km 封冻,其余冰期一直未封,头道拐断面未封冻。河段首封时流量在 800 ~ 900 m³/s,封河期宁蒙河段大部未出现冰塞险情。但由于头道拐河段未封河,冰花量较多,冰花的堆积、下潜,使得其下游的准格尔旗马栅公社河段发生较严重冰塞。

　　2012 年汛期黄河上游发生较大洪水,洪水持续时间长,为近 30 年所罕见,兰州河段出现了 1986 年以来的最大流量,宁蒙河段主槽冲刷、过流能力加大,主槽平滩流量为 2 000 m³/s 左右。2012 年 11 月 1 日龙羊峡、刘家峡两水库共蓄水 257.2 亿 m³,较历年同期均值 162.5 亿 m³ 偏多 58%。鉴于水库蓄水较多,且河道过流能力有所加大的实际情况,凌汛期调度时在流凌封河期加大了刘家峡水库下泄流量,宁蒙河段首封前三天三湖河口站平均流量在 870 m³/s 左右,巴彦高勒站封河前流量稳定在 780 m³/s 左右,凌汛期未出现冰塞等险情。

　　从以上分析可以看出,当河道过流条件较好、主槽平滩流量约 4 000 m³/s 时,封河流量为 800 ~ 900 m³/s 不会出现冰塞;主槽平滩流量约 2 000 m³/s 时,封河流量为 800 m³/s 不会出现冰塞。

4.1.2.5 理论分析计算冰塞发生的流量

冰塞形成主要取决于上游的来冰量、河道输冰能力和河道边界条件。在一定的河道边界条件下,冰塞形成有 3 个阶段:第一阶段,冰缘不断地吸引冰花和碎冰;第二阶段,冰花和碎冰在冰盖下移动和沉积;第三阶段,冰缘外延及冰花、碎冰在冰塞中的重新分布。其中第一个阶段冰缘吸引冰花和碎冰是形成冰塞的必要条件,冰缘下冰花堆积过程可用弗劳德数 Fr 来表示:

$$Fr = \frac{v}{\sqrt{gH}}$$

式中:v 为断面平均流速;H 为断面平均水深,$H = A/B$,A 为断面面积,B 为水面宽。

当来冰在冰盖前缘翻转并开始潜没时,冰盖前缘的水流弗劳德数称为第一临界弗劳德数,如果冰盖前缘的弗劳德数小于该值,冰盖平封模式向上游推进。当冰盖前缘的水流弗劳德数超过某一临界值时,上游来冰将潜入冰盖以下,并流向下游,冰盖停止向上游发展,此时的临界弗劳德数称为第二临界弗劳德数。若冰盖前缘的水流弗劳德数超过第一临界弗劳德数,但小于第二临界弗劳德数,冰盖将以立封(或称水力加厚)的方式向上游推进。若冰盖前缘的水流弗劳德数超过第二临界弗劳德数,顺流而下的冰花将会在冰盖前缘下潜,顺水流向下游输移,冰盖将停止向上游发展,这种情况下敞流段会源源不断地产生冰花,大量来冰下潜极大增加了形成冰塞的可能性。

内蒙古河段三湖河口断面位于"几"字形河湾中部,就河道条件而言,易于形成冰塞。因此,以三湖河口断面为代表计算其弗劳德数变化来分析河道可能形成冰塞的临界流量。利用三湖河口断面 2000 年以来的稳封期实测流量成果表,计算其弗劳德数变化,并点绘弗劳德数与同期冰下过流量的关系,见图 4-2。

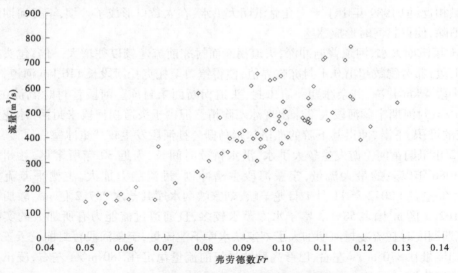

图 4-2　三湖河口断面弗劳德数—流量关系

根据国内有关学者的研究成果,黄河形成冰塞第二临界弗劳德数一般在 $0.09 \sim 0.1$。结合三湖河口断面弗劳德数—流量关系图可知,为避免形成冰塞,三湖河口断面为临界弗劳德数时,河道过流量应控制在 350 ~ 650 m^3/s。

4.1.2.6　封河流量推荐

1. 不同河道过流能力下的适宜封河流量

考虑到龙羊峡水库运用后,汛期下泄水量减少、宁蒙河道淤积较为严重的实际情况,本书从偏于安全的角度,认为河段首封时的封河流量控制在 600 ~ 750 m^3/s 较为合适;河道主槽过流能力达到 2 000 m^3/s 左右,遇合适的气温条件,可控制封河流量在 650 ~ 800 m^3/s;河道过流能力在 4 000 m^3/s 左右,封河流量一般不超过 900 m^3/s。河段封河流量一般不低于 400 m^3/s。

2. 封河流量的控制过程

河段首封时形成较高冰盖有利于增大首封河段下游封河流量,河段首封后,已封河段上游壅水、水位高,易形成冰塞,增大槽蓄水增量,因此在封河的过程中,首封后仍应控制适宜流量,根据首封流量大小,按照仍维持首封流量或略有减小的方式控制封河流量,即若开始控制的首封流量较大,首封后为避免槽蓄水增量过大,在封河过程中,应控制首封河段上游站封河流量略有减小;若首封流量适中,封河发展阶段可按首封流量控制。

对水文站来说,河段首封时应控制三湖河口站流量,封河发展阶段控制巴彦高勒站和石嘴山站流量,一般控制三湖河口站封河流量稍大,巴彦高勒站封河流量可略小于三湖河口站,石嘴山站封河时间靠后、位置靠上游,封河流量一般小于三湖河口站和巴彦高勒站。

4.1.3　稳封期流量控制指标

根据凌汛期封河发展和凌情特点,稳封期定义为封河期扣除首封至全封外的时段,这一时期河段冰下过流能力已经恢复,过流能力较为稳定。根据 3.2.3.3 部分的研究,主要分析三湖河口站稳封期的安全过流量,并以三湖河口站稳封期的安全过流量代表宁蒙河段情况。

4.1.3.1　从安全水位角度对安全过流量分析

凌汛期,若水位漫滩、堤防偎水,由于封河后高水位持续时间长,堤防容易发生管涌、渗漏等险情,严重时甚至会导致堤防决口。可见,凌汛期河道水位不漫滩对防凌是较为安全的,因此以三湖河口站平滩水位 1 020 m 作为安全水位,分析不同过流条件下的稳封期安全过流量。

从三湖河口站不同时期、不同平滩流量条件下稳封期的水位流量关系(见 3.2.3.3 部分)可见,平滩流量在 4 000 m^3/s 左右时(见图 3-18),平滩水位 1 020 m 对应的稳封期过流量为 800 ~ 1 000 m^3/s,稳封期水位基本不超过 1 020 m;平滩流量在 2 000 m^3/s 左右(见图 3-19),平滩水位对应的稳封期过流量为 500 ~ 900 m^3/s,稳封期仅有个别时间水位超过 1 020 m,且实测最高水位不超过 1 020.5 m;平滩流量在 1 500 m^3/s 左右(见图 3-20),平滩水位对应的稳封期过流量仅有 300 ~ 600 m^3/s,且稳封期较多时间水位超过 1 020 m,流量超过 450 m^3/s 时,水位一般高于 1 020.5 m。

因此,宁蒙河段平滩流量为 1 500 m^3/s 左右时,稳封期应控制流量不超过 600 m^3/s;平滩流量为 2 000 m^3/s 左右时,稳封期一般应控制流量不超过 800 m^3/s;平滩流量为 4 000 m^3/s 左右时,稳封期一般应控制流量不超过 850 m^3/s。

4.1.3.2　从槽蓄水增量角度对安全过流量分析

根据前述分析,内蒙古河段槽蓄水增量与中水河槽过流能力变化有较密切关系,而中水河槽过流能力变化对稳封期冰下过流能力有直接影响。因此,点绘三湖河口站稳封期流量—石嘴山至头道拐河段槽蓄水增量关系(见图4-3),从控制槽蓄水增量的角度来分析稳封期内蒙古河段安全过流量。从图4-3中可以看出,刘家峡水库运用前,稳封期流量小,槽蓄水增量一般达不到12亿 m^3;凌汛期丰水严寒的1967~1968年,槽蓄水增量最大,为12.4亿 m^3。1968~1990年,内蒙古河段中水河槽过流能力在4 000 m^3/s 左右,这一时期稳封期槽蓄水增量随流量增加而增大的趋势较明显;稳封期三湖河口站流量达到600~700 m^3/s 时,槽蓄水增量不超过14亿 m^3。1991~1998年内蒙古河段中水河槽过流能力下降到2 000 m^3/s 左右,稳封期平均流量不超过650 m^3/s,槽蓄水增量不超过16亿 m^3。1999~2010年,内蒙古河段中水河槽过流能力下降至1 500 m^3/s 左右,稳封期最大流量不超过550 m^3/s,流量超过400 m^3/s 时槽蓄水增量就可能超过18亿 m^3;头道拐断面稳封期的过流量仅为250~500 m^3/s,内蒙古河段最大槽蓄水增量接近20亿 m^3。

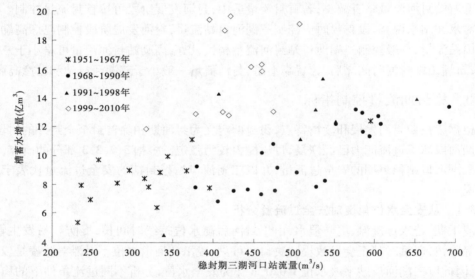

图4-3　不同时期(平滩流量)三湖河口站稳封期流量—石嘴山至头道拐河段槽蓄水增量关系

若以石嘴山至头道拐河段槽蓄水增量不超过16亿 m^3 作为较为安全的封河流量的判别标准,当平滩流量为4 000 m^3/s 左右时,较安全的稳封期流量不超过850 m^3/s;当平滩流量为2 000 m^3/s 左右时,较安全的稳封期流量不超过700 m^3/s;当平滩流量为1 500 m^3/s 左右,稳封期流量达400 m^3/s 左右时,槽蓄水增量就可能超过16亿 m^3。

可见,宁蒙河段平滩流量为1 500 m^3/s 左右时,从控制河段平滩水位和控制槽蓄水增量两方面综合考虑,稳封期宜控制宁蒙河段流量为400~500 m^3/s。宁蒙河段平滩流量为2 000 m^3/s 左右时,稳封期一般应控制宁蒙河段的过流量为550~750 m^3/s。宁蒙河段平滩流量为4 000 m^3/s 左右时,稳封期一般应控制宁蒙河段的过流量不超过850 m^3/s。

4.1.4 开河期流量控制指标

4.1.4.1 平滩流量与凌峰流量的关系

表 4-4 是不同时期、不同平滩流量时,开河期头道拐凌洪与石嘴山—头道拐河段槽蓄水增量释放量的分析表。从表 4-4 中可以看出,在平滩流量较大(约 4 000 m³/s)的时期(1960~1990 年),由于凌汛期水位一般不漫滩,槽蓄水增量小,槽蓄水增量释放归槽时间比较集中,因此头道拐凌洪历时短,平均约 9 d,最小 4 d,最大 15 d;凌洪过程表现为尖瘦型,最大日均流量大,但场次平均流量不突出。在平滩流量约 2 000 m³/s 时(1991~1998 年),开河期宁蒙河段上游来水和槽蓄水增量释放流量都有较大增加,因此头道拐凌洪过程延长,平均为 17 d,最小 10 d,最大 28 d;头道拐平均最大日均流量最大。在平滩流量约 1 500 m³/s 时(1999~2010 年),由于河道主槽过流能力小,大部分年份较多河段漫滩,槽蓄水增量大,开河时槽蓄水增量释放时间长、水量归槽时间不集中,槽蓄水增量释放量大,上游水库调度后开河期来水较小,因此头道拐凌洪历时长,平均为 20 d,凌洪过程表现为矮胖型,凌峰流量减小、凌洪水量增大。

表 4-4 开河期不同平滩流量头道拐凌洪与石嘴山—头道拐河段槽蓄水增量释放量分析

年份	凌洪历时(d)	最大日均流量(m³/s)			场次平均流量(m³/s)			场次水量(亿 m³)	
		头道拐	石嘴山—头道拐槽蓄水释放	差值	头道拐	石嘴山—头道拐槽蓄水释放	差值	头道拐	石嘴山—头道拐槽蓄水释放
1960~1990	9	2010	1 520	490	1 043	556	487	8.53	4.46
1991~1998	17	2 328	1 823	505	1 086	591	495	15.14	7.83
1999~2010	20	1 829	1 444	385	1 092	681	411	18.12	11.15

4.1.4.2 冰坝发生的对应流量分析

内蒙古河段冰坝多发生在三湖河口—头道拐河段站附近,考虑到三湖河口—头道拐河段的水流演进时间一般为 3~5 d,因此主要分析冰坝发生前三天、当日和后三天三湖河口站相应的流量。1989~2010 年发生冰坝年份的统计分析结果见表 4-5,考虑到冰坝的形成需要一定量级的动力条件,选择三湖河口站最大 4 d 流量作为分析形成冰坝时三湖河口站的对应流量。从表 4-5 中可以看出,13 年中除 1 年流量为 739 m³/s 外,其余 12 年三湖河口站流量基本都接近或超过 900 m³/s;且 1998 年后的平均流量比 1998 年前的大约 200 m³/s。因此,初步判断,开河期三湖河口站日均流量达到 1 000 m³/s 左右,发生冰坝的概率较高。

表4-5　内蒙古河段冰坝发生对应三湖河口站流量统计

凌汛年度	三湖河口—头道拐冰坝发生时间	三湖河口站流量(m³/s)					
		前三天	当日	后三天	前三天+当日	当日+后三天	4 d 最大
1989~1990	3月13日	709	917	888	761	896	896
1990~1991	3月24日	971	637	609	888	616	888
1992~1993	3月21日	974	633	609	889	615	889
1993~1994	3月22日	781	975	971	829	972	972
1994~1995	3月19日	915	905	843	913	859	913
1995~1996	3月21日	560	628	775	577	739	739
1998~1999	3月13日	1 090	950	791	1 055	831	1 055
2000~2001	3月17日	814	1 090	927	883	968	968
2003~2004	3月14日	745	917	1 297	788	1 202	1 202
2004~2005	3月25日	749	991	1 363	809	1 270	1 270
2007~2008	3月20日	891	1 580	1 049	1 064	1 182	1 182
2008~2009	3月18日	598	697	959	623	893	893
2009~2010	3月28日	904	1 070	746	945	827	945
不同时期平均	1989~1998	818	783	783	809	783	883
	1998~2010	827	1 042	1 019	881	1 025	1 074
	1989~2010	823	922	910	848	913	985

综上所述,宁蒙河段较为适宜的封河流量和稳封期安全流量随河道平滩流量的增大而增加(见表4-6),河道平滩流量约1 500 m³/s 时,适宜封河流量为600~750 m³/s;河道平滩流量约2 000 m³/s 时,适宜封河流量为650~800 m³/s。在封河发展的过程中,控制封河流量等于或略小于适宜首封流量。稳封期的安全过流量略小于适宜封河流量,河道平滩流量约1 500 m³/s 时,稳封期安全流量为400~500 m³/s;河道平滩流量约2 000 m³/s 时,稳封期安全流量为600~750 m³/s。开河时,为避免发生冰坝,一般应控制三湖河口站日均流量不超过1 000 m³/s。

对于特枯水年,由于上游来水少,封河后,后期仍枯水、河道过流量小,则封河流量可以减小。应避免出现封河流量小、封河后流量加大的情况。

表 4-6 宁蒙河段不同河道过流能力时凌汛期控制流量 （单位：m^3/s）

河道平滩流量	适宜封河流量	稳封期安全流量	开河期流量
1 500 左右	600～750	400～500	尽量小，最大不超过 1 000
2 000 左右	650～800	550～750	
4 000 左右	不超过 900	一般小于封河流量且不超过 850	

4.2 小川—宁蒙河段区间流量

小川断面位于刘家峡水库坝下，是刘家峡水库出库水文断面，该断面的防凌控制指标是刘家峡水库防凌调度的关键依据，而小川—宁蒙河段区间流量变化分析是推导小川断面防凌控制流量的基础。

4.2.1 小川—宁蒙河段区间流量分析要求

刘家峡水库、海勃湾水库的防凌调度应与宁蒙河段的凌情变化紧密结合，凌汛期不同阶段，水库的调度目标不同。

11 月上旬，刘家峡水库主要根据宁蒙河段冬灌引水需求，下泄较大流量。

宁蒙河段一般 11 月中旬开始流凌，12 月初首封，个别年份 11 月上旬流凌。从首凌到首封，宁蒙河段引水逐渐结束，河段流量主要受刘家峡下泄流量、小川至下河沿区间流量和宁蒙河段引退水等因素影响，刘家峡水库调度的目标应是对小川至宁蒙河段区间流量（引退水影响后的）进行补偿调节，使得宁蒙河段保持较为适宜的流量、形成有利的封河形势，即刘家峡水库以控制宁蒙河段适宜封河流量为目标。因此，11 月中旬，根据宁蒙河段引退水变化，刘家峡水库逐渐减小下泄流量，11 月下旬尽可能控制适宜封河流量。

首封时，刘家峡水库应根据小川—三湖河口区间的流量，控制三湖河口断面（首封河段入口）为适宜流量。河道首封后的封河发展阶段，刘家峡水库应根据小川—巴彦高勒和小川—石嘴山区间的流量控制巴彦高勒站、石嘴山站以适宜的流量封河。因此，在首封至封河发展阶段，刘家峡水库主要根据小川至宁蒙河段各站区间的流量控制下泄流量，使得宁蒙河段封河时达到适宜的封河流量。从首封至全封是河段槽蓄水增量增加较快的时期，刘家峡水库保持较为平稳的流量控制槽蓄水增量。

河道全部封冻后，刘家峡水库根据小川至石嘴山区间流量控制稳定的出库流量，控制河道槽蓄水增量，使河道封河形势平稳。

进入开河期，河道槽蓄水增量逐渐释放，龙羊峡水库运用后，槽蓄水增量主要集中在巴彦高勒至头道拐河段，刘家峡水库应根据小川至头道拐区间的流量和河段用水需求进行控制运用，使得水库调度与槽蓄水增量的释放过程相补偿，减小头道拐的凌洪流量。

河道全开后，刘家峡水库进行正常的兴利运用。

分析小川—宁蒙河段区间流量是为了了解凌汛期区间流量变化情况，为制定刘家峡、海勃湾水库防凌控制指标和运用方式提供依据。

　　分析 1989~2010 年凌汛期 11 月至翌年 3 月小川—三湖河口、小川—巴彦高勒和小川—石嘴山的区间流量过程,图 4-4 是 2000~2010 年三个区间的流量过程线。从图 4-4 中可以看出,11 月 1~25 日,小川—宁蒙各站区间流量表现为负值,区间流量主要受宁蒙河段冬灌引水影响;11 月 25 日至 12 月上旬,小川—宁蒙河段区间流量在 150 m³/s 左右,区间流量主要受区间来水和冬灌退水影响;12 月上旬至翌年 1 月上旬内蒙古河段逐渐封河,形成槽蓄水增量,随着封冻的发展,各区间计算流量逐步减小或减小后再逐渐增大;1 月,区间流量总体较平稳;进入 2 月后,从上至下逐步开河,槽蓄水增量释放,区间流量逐渐增大;3 月中下旬,开河结束后,区间流量快速减小。

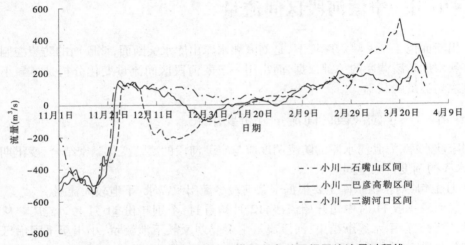

图 4-4　2000~2010 年小川—宁蒙河段各站区间平均流量过程线

　　理想的水库防凌调度,应是根据河段适宜封河流量、安全过流量等控制指标和水库至控制河段的区间流量过程,进行补偿调节,使得水库控制后的河道流量满足防凌控制要求。但防凌调度中由于受气温的影响,河段封冻时即使保持了一定的封河流量,由于形成了槽蓄水增量,封冻期间的区间流量变化较大,不宜作为水库控制运用的依据。因此,分为封河前和封河后两个时段分析小川—宁蒙河段的区间流量,封河前重点分析区间流量和水量,封河后重点分析开河期的槽蓄水增量释放量。

4.2.2　封河前小川—宁蒙河段区间流量

　　封河前的区间流量过程分为引水期和引水结束至封河前两个时段。

4.2.2.1　引水期小川—宁蒙河段区间流量分析

　　从图 4-4 可以看出,小川—宁蒙河段主要站的区间引水过程相差不大,因此以小川—巴彦高勒区间为代表分析近年来的区间引水。分析区间引水主要是为了确定刘家峡水库、海勃湾水库在封河前的下泄流量过程和下泄水量,由于小川—巴彦高勒区间的水流传播时间为 8 d,因此统计了 11 月 1 日和 11 月 9 日至引水影响结束(图中流量为 0)的区间水量,见表 4-7。

表 4-7　近年 11 月 1 日后小川—巴彦高勒区间引水量

年度	项目	11 月 1 日至引水影响结束			11 月 9 日至引水影响结束		
		历时 （d）	平均流量 （m³/s）	引水量 （亿 m³）	历时 （d）	平均流量 （m³/s）	引水量 （亿 m³）
1989～2000	平均	23	331	6.61	15	325	4.24
	最大	27	400	7.68	19	410	5.63
	最小	19	246	5.52	11	194	2.85
2000～2010	平均	23	443	8.84	15	421	5.48
	最大	24	604	12.0	16	584	7.56
	最小	21	287	5.71	13	271	3.52
2005～2010	平均	23	510	10.30	15	492	6.54

从表 4-7 中可以看出,小川站 11 月 1 日的流量于 11 月 9 日到达巴彦高勒,小川（11月 1 日后）至巴彦高勒区间引水影响一般在 15 d 内结束（宁蒙冬灌引水一般最晚在 11 月 20～25 日结束,宁夏灌区引水后 7 d 左右开始退水,11 月 15 日左右退水流量最大,引退水流量和区间来水综合作用后,表现为此区间引水影响在 11 月 24 日左右结束）,引水流量较大的时间为 9～10 d,平均引水流量约 500 m³/s;引水流量快速减小的时间为 5～6 d,到 11 月 24 日左右区间引水影响基本结束。2000～2010 年 15 d 的平均引水流量 421 m³/s,引水量 5.48 亿 m³;来水较丰的 2005～2010 年 15 d 的平均引水流量 492 m³/s,引水量 6.54 亿 m³。引水最大年份的平均引水流量为 584 m³/s。

4.2.2.2　引水结束至封河前小川—宁蒙河段区间流量分析

宁蒙河段冬灌引水结束后,河段退水及区间来水成为小川—宁蒙河段区间流量的主要组成。统计了小川—三湖河口、小川—巴彦高勒和小川—石嘴山三个区间这一时期的流量和水量。引水结束至封河前主要指引水结束至封河发展的时段。

从图 4-4 中可以看出,12 月上旬三湖河口封河时,形成槽蓄水增量,流量急剧减小,使得小川—三湖河口区间的流量也快速减小。三湖河口封河前（一般宁蒙河段首封前）,11月末至 12 月初小川—三湖河口区间的流量平均在 150 m³/s 左右。

首封后进入封河发展阶段,由于三湖河口站大部分时间于 12 月上旬封河,河段首封后很快就封冻,计算的小川—三湖河口区间封河前退水量小,因此封河发展阶段主要分析小川—巴彦高勒和小川—石嘴山两个区间的流量和水量,见表 4-8。可见,2000～2010 年巴彦高勒封河前,小川—巴彦高勒区间的退水流量持续时间约 29 d,平均流量 118 m³/s,平均退水量 2.93 亿 m³,最大流量 193 m³/s,最大退水量 4.34 亿 m³;石嘴山封河前,小川—石嘴山区间的退水流量持续时间约 45 d,平均流量 103 m³/s,平均退水量 4.10 亿 m³,最大流量 164 m³/s,最大退水量 6.23 亿 m³。

4.2.3　开河期石嘴山—头道拐河段槽蓄水增量释放量

进入开河期,随着气温的升高冰凌逐渐消融,槽蓄水增量逐渐释放,自上而下开河时槽蓄水增量释放量逐段累积,在内蒙古河段下段形成凌汛洪水,石嘴山—头道拐河段槽蓄水增量的释放情况如图 4-5、图 4-6 所示(图中为 1992 年、2006 年开河期各河段的槽蓄水增量释放情况,这两年基本上是自上而下开河,但由于每年各河段气温升高情况不同等因素影响,也有分段乱开的现象)。从图中可以看出,各河段开河的时间不同,石嘴山—巴彦高勒河段开河早、槽蓄水增量释放过程平缓,对凌洪过程的贡献率很小;形成头道拐断面凌洪的主要是巴彦高勒—头道拐河段的槽蓄水增量释放量。

表 4-8　凌汛期小川—巴彦高勒、小川—石嘴山区间停灌后、封河前水量

年度	项目	小川——巴彦高勒区间			小川—石嘴山区间		
		历时 (d)	平均流量 (m³/s)	水量 (亿 m³)	历时 (d)	平均流量 (m³/s)	水量 (亿 m³)
1989 ~ 2000	平均	28	74	1.93	53	87	4.06
	最大	47	142	4.53	67	138	7.99
	最小	7	44	0.39	41	55	2.28
2000 ~ 2010	平均	29	118	2.93	45	103	4.10
	最大	39	193	4.34	61	164	6.23
	最小	15	62	1.03	32	54	1.63
2005 ~ 2010	平均	27	141	3.30	47	118	4.69

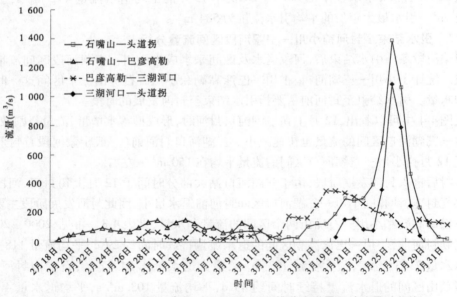

图 4-5　1992 年开河期石嘴山—头道拐各河段槽蓄水增量释放流量过程线

分析了 1960 ~ 2010 年头道拐站凌洪过程中石嘴山—头道拐河段槽蓄水增量释放量的比例,见表 4-9。从表 4-9 中可以看出,近年来随着槽蓄水增量的增大,头道拐凌洪过程中槽蓄水增量的释放量增大,占头道拐凌洪水量的比例加大;2000 ~ 2010 年头道拐凌洪中槽蓄水增量平均释放水量为 11.2 亿 m³,占头道拐总水量的 63%;最大 1 d 槽蓄水增量

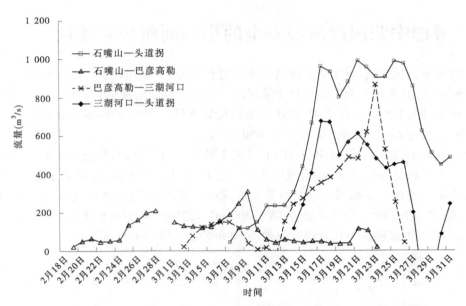

图 4-6　2006 年开河期石嘴山—头道拐各河段槽蓄水增量的释放流量过程线

的释放量占头道拐最大 1 d 洪量的 79%。

表 4-9　石嘴山—头道拐河段槽蓄水增量的释放流量占头道拐凌洪过程比例分析

年份	项目	凌洪历时(d)	凌洪过程					最大 1 d 流量(m³/s)			
			平均流量(m³/s)		水量(亿 m³)		槽蓄水释放占头道拐比例(%)	槽蓄水释放	头道拐	槽蓄水释放占头道拐比例(%)
			槽蓄水释放	头道拐	槽蓄水释放	头道拐				
1960～1990	平均	9	556	1 043	4.46	8.53	53	1 520	2 010	74
	最大	15	831	1 530	6.79	14.3	64	2 552	2 980	86
	最小	4	277	632	1.55	3.38	36	565	1 070	51
1991～1999	平均	17	596	1 090	8.18	15.6	54	1 768	2 267	77
	最大	28	876	1 234	11.0	23.1	71	2 819	3 270	88
	最小	10	343	884	5.04	10.7	39	1 254	1 780	70
2000～2010	平均	19	685	1 089	11.2	18.0	63	1 454	1 834	79
	最大	31	962	1 406	15.8	24.5	70	1 927	2 320	84
	最小	9	526	913	5.55	7.93	57	8 79	1 240	71

另外,统计了近 20 年槽蓄水增量释放过程中大于 1 000 m³/s 的水量,其中 1998 年最大,为 3.5 亿 m³;2000 年后,2001 年最大,为 2.6 亿 m³。

4.3　考虑宁蒙河段防凌安全的小川断面控制流量

封河流量,根据小川—宁蒙河段区间流量过程分析,宁蒙河段首封时,区间流量一般约 150 m^3/s,因此小川断面的流量比宁蒙河段适宜的封河流量减小 150 m^3/s,即宁蒙河段河道平滩流量为 1 500 m^3/s 左右时,小川断面控制流量为 450 ~ 600 m^3/s;河道平滩流量为 2 000 m^3/s 左右时,控制流量为 500 ~ 650 m^3/s。

稳封期流量,分析了稳封期(1 月 11 日至 2 月 10 日)三湖河口、巴彦高勒、石嘴山三站流量与小川站平均流量的关系,见图 4-7。从图 4-7 中可以看出,稳封期宁蒙河段各站流量与小川站流量基本相当。根据相关关系,确定宁蒙河段河道平滩流量为 1 500 m^3/s 左右时,稳封期小川断面控制流量为 400 ~ 500 m^3/s;宁蒙河段河道平滩流量为 2 000 m^3/s 左右时,小川断面控制流量比封河阶段增加 50 m^3/s,为 450 ~ 600 m^3/s。

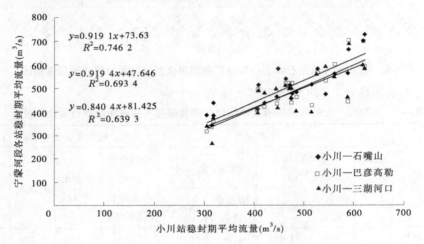

图 4-7　稳封期宁蒙河段各站与小川站平均流量相关关系

开河关键期,为减小宁蒙河段冰坝发生概率,应控制下泄流量使三湖河口站最大日均流量不超过 1 000 m^3/s。分析了 1952 ~ 2012 年 60 年系列,石嘴山—三湖河口河段槽蓄水增量释放的最大日均流量,结果表明,25% 的年份三湖河口站流量大于 1 000 m^3/s,这种年份即使刘家峡水库控制小川断面流量为 0,也不一定能完全避免冰坝的发生;33% 的年份流量为 700 ~ 1 000 m^3/s,这种年份刘家峡水库控制小川断面的流量为 300 m^3/s 左右,可以减少冰坝的发生;42% 的年份流量小于 700 m^3/s,这种情况下刘家峡水库可以根据情况加大小川断面流量。由于开河期槽蓄水增量的释放受气温等影响较大,刘家峡水库距离三湖河口河段较远,同时受区间来水影响,不能精确控制内蒙古河段流量,因此开河关键期刘家峡水库按小川—头道拐河段最小需水要求 300 m^3/s 左右控制小川断面流量。

根据以上分析,得到宁蒙河段不同河道过流能力条件下,考虑宁蒙河段防凌安全的小川断面控制流量,见表 4-10。

表 4-10　宁蒙河段不同河道过流能力时小川断面控制流量　（单位：m³/s）

河道平滩流量	宁蒙河段适宜封河流量相应的小川断面控制流量	宁蒙河段稳封期安全流量相应的小川断面控制流量	宁蒙河段开河期相应的小川断面控制流量
1 500 左右	450 ~ 600	400 ~ 500	300
2 000 左右	500 ~ 650	450 ~ 600	

4.4　本章小结

（1）分析确定了凌汛期不同阶段宁蒙河段的防凌安全控制流量。平滩流量为 1 500 m³/s 左右时，宁蒙河段较适宜的封河流量为 600 ~ 750 m³/s；平滩流量为 2 000 m³/s 左右时，较适宜的封河流量为 650 ~ 800 m³/s。河段首封至封河发展阶段，应保持封河流量稳定且缓慢减小，控制槽蓄水增量；河道稳封后，为河道安全过流、减小槽蓄水增量，平滩流量为 1 500 m³/s 左右时，应控制宁蒙河段流量为 400 ~ 500 m³/s；平滩流量为 2 000 m³/s 左右时，应控制宁蒙河段流量小于封河流量且不超过 750 m³/s。

（2）分析了凌汛期不同阶段小川—宁蒙河段各站的区间流量。小川—宁蒙河段区间冬灌引水对巴彦高勒站流量的影响一般在 11 月 24 日左右结束，小川—巴彦高勒区间稳定引水流量近期平均约 500 m³/s，对应小川站 11 月 1 日后的引水量约 4.24 亿 m³。引水结束时区间退水流量较大（11 月底至 12 月初），平均约 150 m³/s。内蒙古河段首封后的封河发展阶段，小川—石嘴山区间的流量缓慢减小，平均水量约 4 亿 m³。开河期区间流量主要为宁蒙河段的槽蓄水增量释放量，近期平均槽蓄水增量释放量占头道拐凌洪水量的 63%，占最大 1 d 洪量的 79%。

（3）根据宁蒙河段凌汛期不同阶段的防凌安全控制流量要求，考虑上游小川—宁蒙河段区间的流量变化过程，提出了保障宁蒙河段防凌安全的小川断面控制流量指标。宁蒙河段平滩流量为 1 500 m³/s 左右时，相应宁蒙河段封河期小川断面控制流量为 450 ~ 600 m³/s，相应宁蒙河段稳封期小川断面控制流量为 400 ~ 500 m³/s，相应宁蒙河段开河期小川断面控制流量为 300 m³/s 左右；宁蒙河段平滩流量为 2 000 m³/s 左右时，相应宁蒙河段封河期小川断面控制流量为 500 ~ 650 m³/s，相应宁蒙河段稳封期小川断面控制流量为 450 ~ 600 m³/s，相应宁蒙河段开河期小川断面控制流量为 300 m³/s 左右。

第 5 章　龙羊峡、刘家峡水库联合防凌调度

5.1　现状龙羊峡、刘家峡水库防凌调度原则

　　龙羊峡、刘家峡水库原设计都是以发电为主的水库,未考虑凌汛期宁蒙河段的防凌问题。刘家峡水库建成后,为减少宁蒙河段凌汛损失,"水电部确定,在凌汛期间,刘家峡控制下泄流量,在兰州市不超过 500 m³/s……刘家峡水库防凌运用,国家防汛总指挥部明确规定:'在保证凌汛安全的前提下,兼顾发电调度刘家峡的下泄流量。'为此,黄委和黄河防总 1989 年 2 月对宁蒙冰凌情况和堤防进行实地调查,并听取有关部门意见,在水利部和能源部于北京召开的龙羊峡、刘家峡调度运用意见汇报会上,经过协商确定:在一般情况下,刘家峡凌汛期(元月前后)下泄流量按 400～500 m³/s 控制,在运用中可根据实际情况增减。1989 年 9 月,黄河防总制定了《黄河刘家峡水库凌期水量调度暂行办法》。"(引自《黄河水利水电工程志》)

　　根据《黄河刘家峡水库凌期水量调度暂行办法》(国汛〔1989〕22 号):"黄河凌汛是关系到上下游沿河两岸发展经济和广大人民群众生命财产安全的大事。由于造成凌汛灾害的原因比较复杂,需要通过调节水量,减轻凌汛灾害。""凌期黄河防汛总指挥部根据气象、水情、冰情等因素,在首先保证凌汛安全的前提下兼顾发电,调度刘家峡水库的下泄水量。"根据《黄河干流及重要支流水库、水电站防洪(凌)调度管理办法(试行)》(黄防总办〔2010〕34 号):"黄河防洪(凌)调度遵循电调服从水调原则,实现水沙电一体化调度和综合效益最大化。"

　　《黄河刘家峡水库凌期水量调度暂行办法》(国汛〔1989〕22 号)规定:"刘家峡水库下泄水量按旬平均流量严格控制,各日出库流量避免忽大忽小,日平均流量变幅不能超过旬平均流量的百分之十。"《黄河干流及重要支流水库、水电站防洪(凌)调度管理办法(试行)》(黄防总办〔2010〕34 号)规定:"刘家峡水库防凌调度采用月计划、旬安排,水库调度单位提前五天下达刘家峡水库防凌调度指令""水库管理单位要严格执行调度指令,控制流量平稳下泄。""水调办加强龙羊峡、刘家峡水库联合调度,为刘家峡水库防凌调度运用预留防凌库容。""凌汛期黄河上游刘家峡以下水库、水电站应按进出库平衡运用,保持河道流量平稳。""凌汛期,当库区或河道发生突发事件或重大险情需调整水库运用指标时,水库调度单位可根据情况,实施水库应急调度。"

　　因此,刘家峡水库防凌调度的总原则为:凌汛期控制下泄流量过程,与宁蒙河段凌汛期不同阶段的过流要求相适应,尽量避免冰塞、冰坝发生,减少宁蒙河段凌灾损失。龙羊峡水库对凌汛期下泄水量进行总量控制,并根据刘家峡水库凌汛期控泄流量和水库蓄水情况,配合防凌控泄运用。

　　在凌汛期的不同阶段,刘家峡水库的控制运用原则为:流凌期,根据宁蒙河段引退水

控制下泄流量,促使形成内蒙古河段较适宜的封河前流量。封河期,首封及封河发展阶段,控制较稳定的下泄流量,使内蒙古河段以适宜流量封河,形成较为有利的封河形势,尽量避免形成冰塞,控制槽蓄水增量;稳定封冻阶段控制下泄流量稳定,减少流量波动,避免槽蓄水增量过大。开河期,在满足供水需求的条件下,尽量减少水库下泄流量,减小凌洪流量,尽量避免形成冰坝等凌汛险情。

5.2　龙羊峡、刘家峡水库防凌调度经验总结

5.2.1　凌汛期龙羊峡、刘家峡水库运用情况

5.2.1.1　凌汛期始末水库水位、蓄水量

凌汛期为控制出库流量,进行防凌调度,刘家峡水库凌汛前需预留一部分防凌库容。1989～2010年凌汛期始末龙羊峡、刘家峡水库水位、蓄水量情况见表5-1。由表5-1可见,龙羊峡水库凌汛期前最高蓄水位出现在2005年,为2 596.76 m;最低蓄水位出现在1996年,为2 545.70 m。刘家峡水库凌汛期前最高蓄水位出现在1989年,为1 733.20 m;最低蓄水位出现在2002年,为1 717.48 m。

表5-1　1989～2010年凌汛期始末龙羊峡、刘家峡水库水位、蓄水量统计

项目	凌汛期前(10月31日)				凌汛期末(3月31日)			
	龙羊峡		刘家峡		龙羊峡		刘家峡	
	水位 (m)	蓄水量 (亿 m³)	水位 (m)	蓄水量 (亿 m³)	水位 (m)	蓄水量 (亿 m³)	水位 (m)	蓄水量 (亿 m³)
最大	2 596.76	235.0	1 733.20	43.4	2 590.54	212.0	1 734.62	43.8
最小	2 545.70	83.7	1 717.48	21.6	2 532.30	57.4	1722.20	27.3
平均	2 569.22	146.4	1 726.24	32.1	2 556.14	112.8	1 731.59	38.6

凌汛期末,龙羊峡水库最低蓄水位2 532.30 m,相应蓄水量57.4亿 m³;刘家峡水库最低蓄水位1 722.20 m,相应蓄水量27.3亿 m³。龙羊峡水库最高蓄水位2 590.54 m(2006年),相应蓄水量212.0亿 m³;刘家峡最高蓄水位1 734.62 m(2004年),相应蓄水量43.8亿 m³。整个凌汛期龙羊峡水库蓄水位降低,刘家峡水库蓄水位升高。

5.2.1.2　凌汛期水库入、出库流量及蓄变量

不同年段凌汛期龙羊峡水库的入、出库流量过程见图5-1和图5-2。可见,凌汛期龙羊峡入库流量11月至12月逐步减小,1月、2月比较稳定,3月逐渐增大。2005～2010年龙羊峡水库来水量较其他年段大一些。1989～1999年龙羊峡水库出库流量较大,且凌汛期内流量波动较大,11月中旬的下泄流量比较大,3月下旬下泄流量比较小。2000年以后,龙羊峡水库下泄流量过程波动减小,从凌汛期开始到稳封期逐渐降低,然后逐渐升高。

一般情况下,在11月上中旬,刘家峡水库为了满足宁蒙灌区冬灌要求,出库流量比较大,在11月下旬进行流量控泄。根据1989年以来刘家峡水库多年平均出库流量统计,11

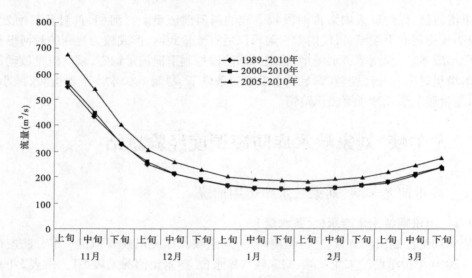

图 5-1　龙羊峡水库凌汛期入库流量过程

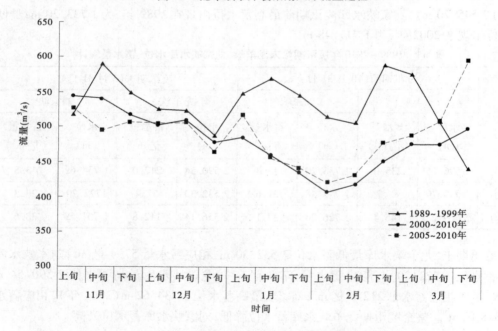

图 5-2　龙羊峡水库凌汛期出库流量过程

月上、中旬流量分别为 931 m³/s 和 752 m³/s；11 月下旬内蒙古河段进入流凌封河期，刘家峡水库进行控泄运用，出库流量减少到 565 m³/s；之后的封河期和开河期，刘家峡水库下泄流量逐渐减少，一般在 3 月上旬刘家峡水库下泄流量达到最小值；内蒙古河段一般在 3 月下旬全河段开河，刘家峡水库由于库内蓄水量较大，水库加大下泄流量发电运用，3 月下旬下泄流量多年平均为 567 m³/s。

1989 年以来凌汛期刘家峡水库下泄流量过程见图 5-3。由图 5-3 可以看出，在 11 月上旬宁蒙河段冬灌期，2000 年以前刘家峡水库下泄流量比 2000 年以后下泄流量小；在凌汛期的稳封期,不同时段刘家峡水库的下泄流量变化不大;在开河前的 2 月下旬、3 月上中旬,2000 年以前刘家峡水库的下泄流量比 2000 年以后的下泄流量略大;在 3 月下旬内蒙古河段开河后,2000 年以后刘家峡水库的下泄流量比较大。

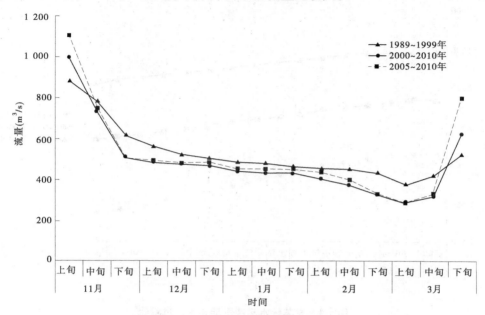

图 5-3　刘家峡水库不同时期凌汛期下泄流量过程

　　1989 ~ 2010 年,不同年段凌汛期龙羊峡、刘家峡水库平均入、出库水量和水库蓄变量见表 5-2。由表 5-2 可以看出,1989 年以来龙羊峡水库在凌汛期主要下泄库内存水,刘家峡水库主要蓄水,多年平均情况下龙羊峡水库泄放库内水量约 35 亿 m³,刘家峡水库蓄水约 7.7 亿 m³。与 1989 ~ 2010 年平均情况相比,2005 ~ 2010 年黄河上游来水偏大,龙羊峡水库凌汛期蓄水量的降幅减小。

表 5-2　1989 ~ 2010 年以来不同年段龙羊峡、刘家峡水库平均入、出库水量和水库蓄变量

时段	龙羊峡水量 (亿 m³)		刘家峡水量 (亿 m³)		凌汛期水库蓄变量 (亿 m³)		
	入库	出库	入库	出库	龙羊峡	刘家峡	两库合计
1989 ~ 2010 年	31.2	66.4	77.1	69.4	- 35.2	7.7	- 27.5
2000 ~ 2010 年	31.7	61.4	75.4	65.1	- 29.7	10.3	- 19.4
2005 ~ 2010 年	37.8	65.8	79.4	70.6	- 28.0	8.8	- 19.2

　　注:龙羊峡入库为唐乃亥站;出库为贵德站;刘家峡入库为循化站 + 折桥站 + 红旗站,出库为小川站。

5.2.1.3　凌汛期库水位过程

　　龙羊峡水库在不同时期凌汛期旬水位过程线见图 5-4。由图 5-14 可以看出,11 月上中旬龙羊峡水位一般变幅不大,略有下降,只是在 2005 ~ 2010 年上游来水较多,龙羊峡水

库在凌汛期初期略有蓄水;11月下旬至12月底,龙羊峡水库水位缓慢下降;1月至2月上中旬水位下降较快,龙羊峡水库补水较其他月份多;2月中下旬后,由于刘家峡水库控泄小流量,龙羊峡水库水位降幅有所减小。

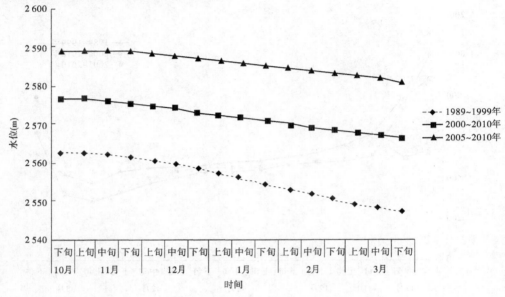

图 5-4　龙羊峡水库凌汛期旬水位过程线

凌汛期宁蒙河段的防凌和供水任务主要由刘家峡水库承担,刘家峡水库承接龙羊峡水库下泄水量,在宁蒙河段流凌后主要进行控泄运用,刘家峡水库在不同年份凌汛期的旬水位过程线见图5-5。由图5-5可见,凌汛期刘家峡水库蓄水位一般经历一个先下降再回升的过程。11月上中旬,由于宁蒙灌区冬灌用水等需求,水库放水,库水位下降,在11月中旬末库水位一般降到最低(近期2005~2010年凌汛期平均水位为1 722.6 m);之后,为满足宁蒙河段防凌要求,水库减小下泄流量,开始蓄水,直至2月中下旬宁蒙河段逐步进入开河期,水库进一步压减下泄流量,水库蓄水位较快上升,3月中下旬水位达到最高,直至宁蒙河段开河后,3月下旬水库增加泄量,水位开始回落。

5.2.2　凌汛期不同阶段刘家峡、龙羊峡水库调度情况分析

5.2.2.1　凌汛期不同阶段划分

凌汛期刘家峡水库的下泄流量主要根据宁蒙河段的用水和防凌需要控制,流凌前(11月上中旬)主要泄放较大流量满足宁蒙河段冬灌引水;流凌封河时(11月中下旬和12月上旬)流量由大到小逐步减小,对冬灌引退水进行反调节塑造适宜的封河流量(流凌封河期水库下泄流量大于封河期,一方面推迟封河日期,另一方面提高下游河段封河流量,但下游一旦封河,则下泄流量不宜过大,否则易形成冰塞);之后根据宁蒙河段流凌和封河的具体情况控制较稳定的下泄流量,直至预报进入开河关键期,刘家峡水库进一步控制下泄流量,减小宁蒙河段开河洪峰流量;预报全部封冻河段主流贯通,刘家峡水库加大下泄流量兴利运用。

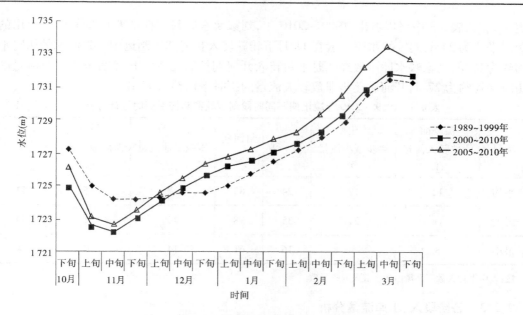

图 5-5　刘家峡水库凌汛期旬水位过程线

因此,根据宁蒙河段凌情和刘家峡水库下泄流量过程特点,依据《黄河宁蒙河段防凌指挥调度管理规定(试行)》中对流凌期、封河期、开河期的定义,将刘家峡水库 11 月 1 日至翌年 3 月 31 日调度运用的时间分为流凌前(泄放较大流量)、流凌期(逐步减小流量)、封河期、开河期(压减下泄流量)和开河后(泄放较大流量)五个阶段,以 2008～2009 年凌汛期为典型,各阶段划分如图 5-6 所示。

图 5-6　2008～2009 年凌汛期刘家峡出库过程阶段划分

5.2.2.2　凌汛期各阶段历时统计

统计 1989～2010 年历年凌汛期小川站的流量过程,分析五个阶段的历时,成果见

表5-3。从表5-3中可以看出,1989～2010年,刘家峡水库封河前的两个阶段调度运用的历时平均为24 d,刘家峡水库一般在11月下旬就转入封河期控制运用。封河期的历时平均约为85 d,刘家峡水库一般在2月下旬转入开河期控制运用。开河期压减下泄流量的历时平均约为27 d,开河后逐步泄放较大流量的历时平均约为15 d。

表5-3　1989～2010年凌汛期不同阶段刘家峡实际控泄历时统计分析　　（单位:d）

项目	流凌前 泄放较大流量 ①	流凌期 逐步减小流量 ②	①+②	封河期 ③	开河期 压减下泄流量 ④	开河后 泄放较大流量 ⑤	④+⑤
平均	12	12	24	85	27	15	42
最大	19	21	35	98	49	21	60
最小	8	5	16	61	14	10	24

注:表中平均天数不平衡由四舍五入取整导致。

5.2.2.3　各阶段入、出库流量分析

图5-7是2006年11月1日至2007年3月31日龙羊峡、刘家峡水库入、出库流量与水库蓄水量过程线,基本可以代表大多数年份龙羊峡、刘家峡水库的来水和水库调度情况。龙羊峡入库的流量过程基本上是上游基流的退水过程,从11月1日开始到12月上旬逐步减小,一般12月中旬至2月中下旬流量较为稳定,变化不大,2月中下旬后流量逐渐增加。龙羊峡出库流量过程不同阶段的平均流量基本在450～650 m³/s(见表5-4),较为稳定;在封河期前的两个阶段龙羊峡水库的泄流量一般为500～650 m³/s,封河期龙羊峡的流量基本与刘家峡一致,为450～500 m³/s,封河期后的两个阶段泄流量一般为450～600 m³/s。

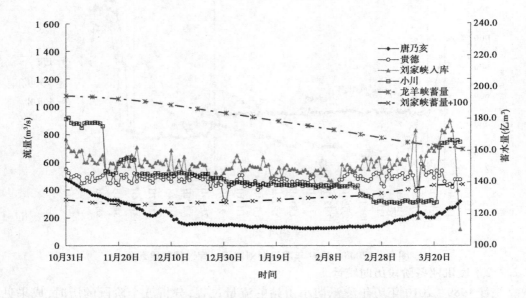

图5-7　2006～2007年凌汛期龙羊峡、刘家峡水库入、出库流量与水库蓄水量过程线

表5-4　不同年段龙羊峡、刘家峡水库凌汛期入、出库平均流量

时段	项目		流凌前	流凌期	封河期	开河期	开河后
1989 ~ 2000 年	历时(d)		13	11	87	24	16
	时间(月-日)		11-01 ~ 11-13	11-14 ~ 11-24	11-25 ~ 02-19	02-20 ~ 03-14	03-15 ~ 03-31
	龙羊峡 (m³/s)	入库	528	397	189	180	215
		出库	530	622	533	579	507
	刘家峡 (m³/s)	入库	645	699	582	636	574
		出库	944	743	528	407	515
2000 ~ 2010 年	历时(d)		11	13	82	29	16
	时间(月-日)		11-01 ~ 11-11	11-12 ~ 11-24	11-25 ~ 02-14	02-15 ~ 03-14	03-15 ~ 03-31
	龙羊峡 (m³/s)	入库	572	439	200	179	224
		出库	548	532	458	440	487
	刘家峡 (m³/s)	入库	731	694	560	529	573
		出库	1 034	693	456	309	572
1989 ~ 2010 年	历时(d)		12	12	85	27	15
	时间(月-日)		11-01 ~ 11-12	11-13 ~ 11-24	11-25 ~ 02-17	02-18 ~ 03-15	03-16 ~ 03-31
	龙羊峡 (m³/s)	入库	549	417	194	179	219
		出库	539	579	498	513	497
	刘家峡 (m³/s)	入库	686	697	572	585	573
		出库	987	719	494	360	542

　　刘家峡入库流量主要为龙羊峡出库流量,龙刘区间加水较少。封河期前的两个阶段刘家峡出库流量过程主要受宁蒙河段灌溉、用水和塑造较大封河流量要求,下泄较大流量满足宁蒙河段灌溉和防凌要求,11月上旬流量第一阶段基本在 1 000 m³/s 左右,然后逐渐减小。到 11 月 24 日左右,宁蒙河段进入封河期,刘家峡水库下泄流量减小到 500 m³/s 左右,第二阶段平均流量在 720 m³/s 左右。封河期(第三阶段),刘家峡水库下泄流量平稳并逐步减小,流量一般为 450 ~ 500 m³/s。开河期(第四阶段),刘家峡水库进一步减小下泄流量至 300 m³/s 左右。宁蒙河段全部开河后(第五阶段),刘家峡水库加大泄流量至 550 m³/s 左右。

5.2.2.4　各阶段入、出库水量及水库蓄变量

　　1989 ~ 2010 年,整个凌汛期龙羊峡入库水量为 31.2 亿 m³(见表5-5),出库水量为 66.4 亿 m³,龙刘区间来水约 11 亿 m³,刘家峡水库出库水量约 69 亿 m³。龙羊峡水库下泄

表 5-5　不同年段龙羊峡、刘家峡水库凌汛期入、出库水量　　（单位：亿 m³）

时段	项目	阶段	流凌前 ①	流凌期 ②	①+②	封河期 ③	开河期 ④	开河后 ⑤	④+⑤	合计
1989 ~ 2000 年	历时(d)		13	11	24	87	24	16	40	151
	龙羊峡	入库	6.05	3.67	9.72	14.72	3.66	3.31	6.97	30.2
		出库	5.94	5.94	11.88	42.83	12.84	7.86	20.70	70.1
		蓄变量	0.11	−2.27	−2.16	−28.11	−9.19	−4.55	−13.74	−39.8
	龙刘区间入流		1.33	0.73	2.06	4.45	1.32	1.24	2.56	8.6
	刘家峡	入库	7.27	6.67	13.93	47.29	14.16	9.09	23.25	78.6
		出库	10.76	7.15	17.91	43.42	8.68	8.36	17.04	72.3
		蓄变量	−3.5	−0.48	−3.98	3.87	5.48	0.73	6.21	6.3
2000 ~ 2010 年	历时(d)		11	13	24	82	29	16	45	151
	龙羊峡	入库	5.34	4.31	9.66	14.62	4.57	3.11	7.68	31.7
		出库	5.28	5.86	11.13	32.74	11.58	7.05	18.63	61.4
		蓄变量	0.07	−1.54	−1.48	−18.12	−7	−3.94	−10.94	−29.7
	龙刘区间入流		1.76	1.69	3.45	7.13	2.44	1.08	3.52	14.0
	刘家峡	入库	7.04	7.55	14.58	39.87	14.02	8.13	22.15	75.4
		出库	9.83	7.28	17.11	32.54	8.03	8.11	16.14	65.1
		蓄变量	−2.79	0.27	−2.52	7.33	5.98	0.02	6	10.4
1989 ~ 2010 年	历时(d)		12	12	24	85	27	15	42	151
	龙羊峡	入库	5.71	3.97	9.69	14.67	4.14	3.2	7.34	31.2
		出库	5.62	5.9	11.52	37.52	12.17	7.43	19.6	66.4
		蓄变量	0.09	−1.93	−1.83	−22.85	−8.03	−4.22	−12.25	−35.2
	龙刘区间入流		1.53	1.19	2.72	5.86	1.91	1.16	3.07	10.8
	刘家峡	入库	7.16	7.09	14.24	43.38	14.09	8.58	22.67	77.1
		出库	10.32	7.21	17.53	37.69	8.34	8.23	16.57	69.4
		蓄变量	−3.16	−0.12	−3.28	5.69	5.75	0.36	6.11	7.7
2005 ~ 2010 年	历时(d)		10	9	19	90	26	16	42	151
	龙羊峡	入库	6.02	3.91	9.93	19.53	4.83	3.51	8.34	37.8
		出库	4.75	3.78	8.53	38.1	11.06	8.1	19.16	65.8
		蓄变量	1.27	0.13	1.4	−18.57	−6.23	−4.59	−10.82	−28.0
	龙刘区间入流		1.82	1.5	3.32	7.61	1.71	1	2.71	13.6
	刘家峡	入库	6.57	5.29	11.85	45.71	12.78	9.1	21.88	79.4
		出库	10.26	5.76	16.02	37.4	7.15	9.99	17.14	70.6
		蓄变量	−3.69	−0.48	−4.17	8.31	5.63	−0.9	4.73	8.9

注：表中数据不闭合是四舍五入所致，下同。

水量约 35 亿 m^3,刘家峡水库蓄水量约 7.7 亿 m^3。凌汛期第一阶段龙羊峡水库入、出库水量基本平衡,刘家峡水库增泄库内蓄水;第二阶段至凌汛末,龙羊峡水库增泄库内蓄水,刘家峡水库入、出库水量基本相同;第三、四阶段封河期至开河关键期,刘家峡水库减少下泄流量进行防凌蓄水运用,其中封河期龙羊峡水库下泄水量与刘家峡水库基本相同,开河关键期龙羊峡水库下泄水量大于刘家峡水库;第五阶段,龙羊峡水库增泄库内蓄水,刘家峡水库加大下泄流量,入、出库水量基本平衡。封河前的第一、二阶段,为满足宁蒙河段灌溉用水和有利于形成适宜的封河流量,刘家峡水库下泄库内蓄水约 3.3 亿 m^3;封河期刘家峡水库防凌运用,蓄水约 5.7 亿 m^3;开河期的第四、五阶段,刘家峡水库放凌运用,蓄水约 6.1 亿 m^3。

2000 ~ 2010 年,凌汛期龙羊峡水库入库水量约 31.7 亿 m^3,出库水量约 61.4 亿 m^3,龙刘区间来水约 14.0 亿 m^3,刘家峡出库水量约 65.1 亿 m^3。龙羊峡水库下泄库内蓄水量约 29.7 亿 m^3,刘家峡水库蓄水量约 10.4 亿 m^3。封河前的第一阶段,刘家峡水库下泄库内蓄水约 2.8 亿 m^3;封河期,刘家峡水库蓄水约 7.3 亿 m^3;开河期的第四阶段,刘家峡水库蓄水约 6 亿 m^3。

2005 ~ 2010 年,龙羊峡水库入库水量约 37.8 亿 m^3,出库水量约 65.8 亿 m^3,龙刘区间来水约 13.6 亿 m^3,刘家峡水库出库水量约 70.6 亿 m^3。龙羊峡水库下泄库内蓄水量约 28.0 亿 m^3,刘家峡水库蓄水量约 8.9 亿 m^3。封河前的第一、二阶段,刘家峡水库下泄库内蓄水约 4.2 亿 m^3;封河期,刘家峡水库蓄水约 8.3 亿 m^3;开河期的第四阶段,刘家峡水库蓄水约 5.6 亿 m^3。近期 5 年龙羊峡水库以上来水较大,凌汛期龙羊峡水库下泄库内蓄水较前期年份有所减少。

5.2.3　典型年调度分析

5.2.3.1　典型年选取

由于每年龙羊峡水库和刘家峡水库以上来水、水库蓄水、宁蒙河段凌情等各不相同,因此每年刘家峡水库的出库水量和流量过程并不相同。由于刘家峡的出库水量约有 50% 是龙羊峡水库下泄蓄水,刘家峡水库出库流量与龙羊峡凌汛期蓄水量关系较大。因此,本书根据上游来水和凌汛期龙羊峡水库和刘家峡水库蓄水情况,对 1989 ~ 2010 年的来水进行分类,选择不同类型的典型年,见表 5-6。

5.2.3.2　丰水年调度分析

2005 ~ 2006 年和 2009 ~ 2010 年 11 月初至翌年 3 月末龙羊峡水库和刘家峡水库入、出库流量与水库蓄水量变化过程线见图 5-8 和图 5-9。由图 5-8、图 5-9 可见,丰水年 11 月初唐乃亥流量均大于 900 m^3/s;流凌前、封河期、开河期和开河后刘家峡出库流量分别为 1 200 ~ 1 500 m^3/s、500 m^3/s、300 m^3/s、1 150 m^3/s。

表5-6　典型年份天然来水和龙羊峡、刘家峡水库蓄水量　　　（单位：亿 m³）

类型	凌汛年度	天然来水量		水库蓄水量						蓄变量		
		唐乃亥	兰州	10月31日			3月31日					
		全年	凌汛期	全年	龙羊峡	刘家峡	两库	龙羊峡	刘家峡	两库	龙羊峡	刘家峡	两库

类型	凌汛年度	唐乃亥全年	凌汛期	兰州全年	龙羊峡(10.31)	刘家峡(10.31)	两库(10.31)	龙羊峡(3.31)	刘家峡(3.31)	两库(3.31)	龙羊峡蓄变量	刘家峡蓄变量	两库蓄变量
丰	2005~2006	255	41	410.93	181.6	12.4	194.0	158.6	16.8	175.4	-23.0	4.4	-18.6
	2009~2010	263.5	41	278.44	170.2	6.4	176.6	147.0	18.6	165.6	-23.2	12.2	-11.0
平	2006~2007	141.3	29	276.09	141.0	8.5	149.5	107.4	18.1	125.4	-33.6	9.6	-24.1
	2007~2008	189	32	346.3	144.6	11.8	156.5	119.8	17.8	137.6	-24.8	6.0	-18.9
	1991~1992	148.4	28.18	235.7	43.3	12.5	55.8	7.1	9.5	16.6	-36.2	-3.0	-39.2
	1995~1996	157.4	29.47	263	36.4	20.6	57.0	7.9	22.9	30.8	-28.5	2.3	-26.2
枯	1996~1997	141.1	26.03	242	30.3	14.5	44.8	4.0	16.1	20.1	-26.3	1.6	-24.7
	1997~1998	142.9	25.21	234.4	37.7	6.2	43.9	7.0	17.0	24.0	-30.7	10.8	-19.9
	2002~2003	105.75	17	214.45	34.9	1.3	36.2	5.8	7.0	12.8	-29.1	5.7	-23.4

注：水库蓄水量指死水位以上蓄水量。

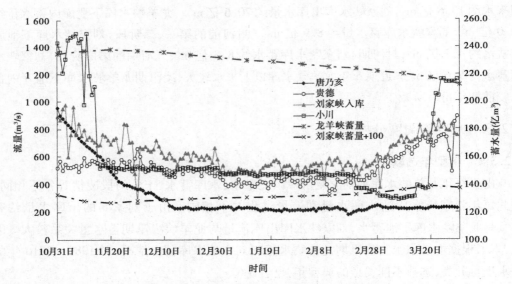

图5-8　2005~2006年凌汛期龙羊峡水库和刘家峡
水库入、出库流量与水库蓄水量过程线

　　统计2个丰水典型年11月初至翌年3月末不同阶段龙羊峡水库和刘家峡水库的入、出库水量与蓄变量见表5-7。由表5-7可以看出，丰水年龙羊峡水库入库水量约45亿 m³，出库水量约69亿 m³，龙羊峡—刘家峡区间来水约13亿 m³，刘家峡水库出库水量约73.3亿 m³；龙羊峡水库下泄库内蓄水量约24亿 m³，刘家峡水库拦蓄上游来水约8.4亿 m³。其中，封河前两个阶段，龙羊峡水库蓄水约2亿 m³，刘家峡水库下泄库内蓄水约5亿 m³；

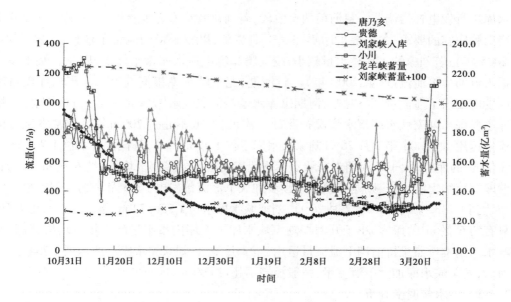

图 5-9　2009～2010 年凌汛期龙羊峡水库和刘家峡
水库入、出库流量与水库蓄水量过程线

封河期,龙羊峡水库出库水量基本与刘家峡水库一致,龙羊峡水库下泄库内蓄水,刘家峡
水库拦蓄上游来水;开河期,龙羊峡水库下泄库内蓄水约 5.2 亿 m³,刘家峡水库拦蓄来水
约 4.8 亿 m³。

表 5-7　丰水年龙羊峡、刘家峡水库凌汛期入、出库水量和蓄变量　（单位:亿 m³）

时期	阶段	历时(d)	龙羊峡			龙刘区间入流	刘家峡		
			入库	出库	蓄变量		入库	出库	蓄变量
流凌前	1	11	7.7	5.8	2.0	1.8	7.5	12.0	-4.4
流凌期	2	6	3.6	3.5	0.2	0.6	4.1	4.7	-0.6
封河期	3	95	24.6	40.4	-15.8	8.6	49.0	39.7	9.3
开河期	4	25	5.3	10.5	-5.2	1.3	11.8	7.0	4.8
开河后	5	15	3.3	8.6	-5.3	0.7	9.3	10.0	-0.7
合计		151	44.6	68.8	-24.2	12.9	81.7	73.3	8.4

　　丰水年刘家峡水库出库流量的特点表现为:流凌前下泄流量大、流凌期时间短,封河
前刘家峡水库下泄库内蓄水约 5 亿 m³;封河期平均出库流量维持在 500 m³/s 左右,水库
蓄水约 9.3 亿 m³;开河期平均出库流量维持在 300 m³/s 左右,开河期水库蓄水约 4.8 亿
m³;开河后逐步加大下泄流量至 1 150 m³/s 左右。
　　龙羊峡水库的运用主要根据刘家峡水库的下泄流量、蓄水量和电网发电情况,与刘家峡水库进行发电补偿调节。封河前两个阶段，若刘家峡水库蓄水量较大，为满足刘家峡水库凌前腾库容的要求，龙羊峡水库不加大下泄流量，以较平稳的流量下泄（约 550 m^3/s，如 2005 年）；若刘家峡水库蓄水量较小，凌前腾库容下泄水库蓄水较少，则龙羊峡水库可根据入流加大下泄流量（如 2009 年）。封河期，龙羊峡水库根据刘家峡水库出库流量和电网发电要求下泄流量，并控制封河期出库水量与刘家峡水库基本一致。开河期，龙羊峡水库主要根据刘家峡水库蓄水情况按照加大流量（一般不超过 700 m^3/s）或基本维持前期流量运用，如 2006 年 2 月 20 日刘家峡水库水位 1 728.66 m，至正常蓄水位 1 735 m 约有 8 亿 m^3 的库容，大于开河期刘家峡水库下泄库内蓄水的多年平均值（约 6 亿 m^3），仍有足够库容接纳上游来水，则龙羊峡水库逐步加大下泄流量发电，至 3 月中旬末刘家峡水库水位达到 1 733.5 m；2010 年 2 月 20 日，刘家峡水库水位 1 730.72 m，至正常蓄水位 1 735 m 只有约 5 亿 m^3 的库容，小于开河期刘家峡水库下泄库内蓄水量的多年平均值，因此龙羊峡水库基本按照维持前期下泄流量运用，至 3 月 20 日刘家峡水库水位达到 1 734.5 m。开河后，龙羊峡水库加大下泄流量，一般控制不超过 800 m^3/s。

5.2.3.3　平水年调度分析

1. 平偏丰水年

2006～2007 年和 2007～2008 年 11 月初至翌年 3 月末龙羊峡、刘家峡水库入、出库流量和水库蓄水量变化过程见图 5-10 和图 5-11。由图可见，平偏丰水年 11 月初唐乃亥流量为 500～600 m^3/s；流凌前、封河期、开河期和开河后刘家峡水库出库流量分别为 1 000～1 300 m^3/s、500 m^3/s、300 m^3/s、700～800 m^3/s。

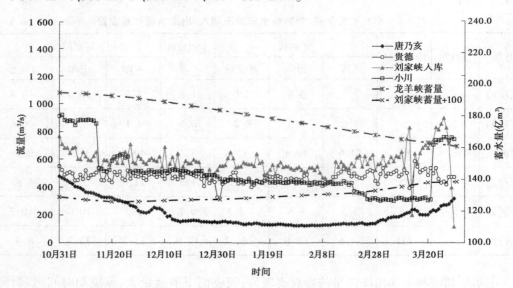

图 5-10　2006～2007 年凌汛期龙羊峡、刘家峡
水库入、出库流量和水库蓄水量过程线

统计 2 个典型年凌汛期不同阶段的入、出库水量和蓄变量见表 5-8。由表 5-8 可以看

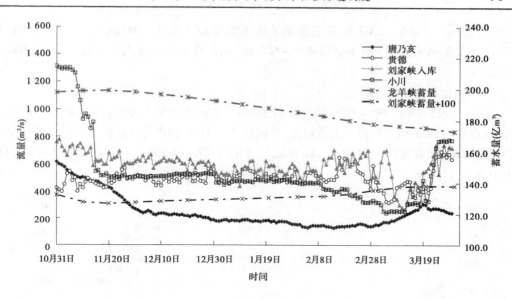

图 5-11 2007～2008 年凌汛期龙羊峡、刘家峡
水库入、出库流量和水库蓄水量过程线

出平偏丰水年龙羊峡水库入库水量约 30 亿 m³, 出库水量约 63.0 亿 m³, 龙羊峡水库和刘家峡水库区间来水约 14 亿 m³, 刘家峡水库出库水量约 67.4 亿 m³; 龙羊峡水库下泄库内蓄水约 33.2 亿 m³, 刘家峡水库拦蓄上游来水约 9.4 亿 m³。其中, 封河前两个时期, 龙羊峡水库下泄库内蓄水约 0.9 亿 m³, 水库基本进出库平衡, 刘家峡水库下泄库内蓄水约 4.1 亿 m³; 封河期龙羊峡水库出库水量基本与刘家峡水库一致, 在 37 亿 m³ 左右; 开河期, 龙羊峡水库下泄库内蓄水约 6.8 亿 m³, 刘家峡水库拦蓄来水约 6 亿 m³。

表 5-8 平偏丰水年龙羊峡、刘家峡水库 11 月初至翌年 3 月末入、出库水量和蓄变量

(单位: 亿 m³)

时期	阶段	历时(d)	龙羊峡			龙刘区间入流	刘家峡		
			入库	出库	蓄变量		入库	出库	蓄变量
流凌前	1	11	4.5	4.5	0	1.9	6.4	9.8	-3.4
流凌期	2	12	4.0	4.9	-0.9	1.7	6.6	7.2	-0.7
封河期	3	89	14.3	37.0	-22.7	6.8	43.8	36.4	7.4
开河期	4	25	3.7	10.4	-6.8	2.2	12.6	6.8	5.8
开河后	5	14	3.2	6.2	-3.0	1.3	7.5	7.2	0.3
合计		151	29.8	63.0	-33.2	13.9	76.9	67.4	9.4

平偏丰水年刘家峡水库出库流量与多年平均情况较为接近, 只是流凌前下泄流量较大。龙羊峡水库的运用主要根据刘家峡水库的蓄水和电网发电情况, 与刘家峡水库进行

发电补偿调节。2006～2007 年凌汛期龙羊峡下泄流量为 400～600 m^3/s,2007～2008 年 2 月中旬前龙羊峡水库下泄流量为 400～600 m^3/s,2 月下旬至 3 月底下泄流量为 300～700 m^3/s。

2. 平偏枯水年

1991～1992 年和 1995～1996 年凌汛期龙羊峡、刘家峡水库入、出库流量和水库蓄水量变化过程见图 5-12 和图 5-13。由图可见,平偏枯水年 11 月初唐乃亥流量为 500～600 m^3/s;流凌前、封河期、开河期刘家峡水库出库流量分别为 900～1 100 m^3/s、300～600 m^3/s、300～600 m^3/s。

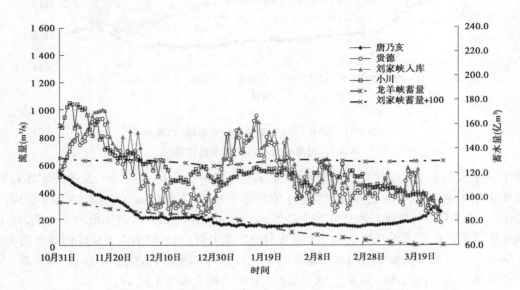

图 5-12 1991～1992 年凌汛期龙羊峡、刘家峡水库入、出库流量和水库蓄水量过程线

20 世纪 90 年代初,龙羊峡、刘家峡水库的防凌调度没有近期规范,刘家峡水库下泄流量波动较大;同时,当时宁蒙河段的河道过流条件也比现状情况好,1989～1995 年三湖河口的平滩流量在 2 000 m^3/s 以上,稳封期河道的过流量大于现状河道条件,稳封期下泄流量比 2000 年后的大。

5.2.3.4 枯水年调度分析

1997～1998 年凌汛期龙羊峡、刘家峡水库入、出库流量和水库蓄水量变化过程见图 5-14。可见,枯水年 11 月初唐乃亥流量为 300～500 m^3/s;流凌前、封河期、开河期刘家峡水库出库流量分别为 700～900 m^3/s、300～400 m^3/s、300 m^3/s。2002～2003 特枯水年 11 月初唐乃亥流量小于 300 m^3/s;流凌前、封河期、开河期刘家峡水库出库流量分别为 700～900 m^3/s、250～400 m^3/s、250 m^3/s(见图 5-15)。从图中可以看出,枯水年受水库蓄水量少、来水小的影响,凌汛初期刘家峡水库下泄流量较小,凌汛期末开河后龙羊峡、刘家峡水库不加大下泄流量。

2 个枯水典型年凌汛期不同阶段的入、出库水量和蓄变量见表 5-9。由表可以看出,枯水年凌汛期龙羊峡入库水量约 21 亿 m^3,出库水量约 50 亿 m^3,龙刘区间来水约 9 亿

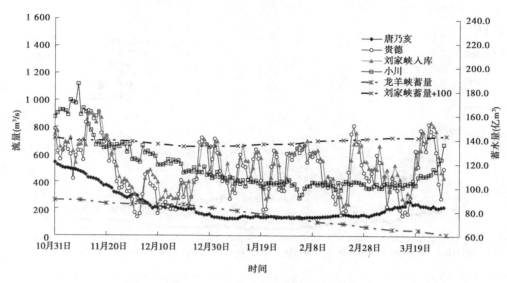

图 5-13　1995～1996 年凌汛期龙羊峡、刘家峡水库
入、出库流量和水库蓄水量过程线

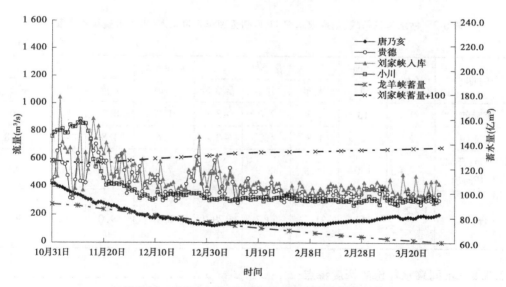

图 5-14　1997～1998 年凌汛期龙羊峡、刘家峡水库
入、出库流量和水库蓄水量过程线

m^3,刘家峡水库出库水量约 49 亿 m^3;龙羊峡水库下泄库内蓄水约 29 亿 m^3,刘家峡水库拦蓄上游来水约 9.8 亿 m^3。其中,流凌前阶段,龙羊峡水库下泄库内蓄水约 3.6 亿 m^3,刘家峡水库下泄库内蓄水约 0.9 亿 m^3。

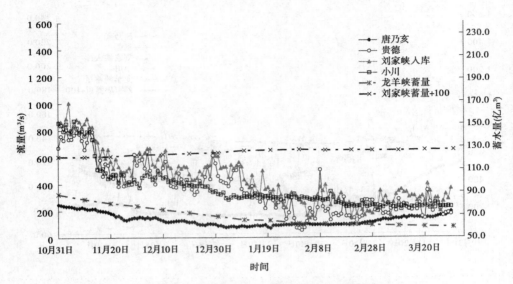

图 5-15　2002~2003 年凌汛期龙羊峡、刘家峡水库
入、出库流量和水库蓄水量过程线

表 5-9　枯水年龙羊峡、刘家峡水库 11 月初至翌年 3 月末入、出库水量和蓄变量

（单位：亿 m³）

时期	阶段	历时(d)	龙羊峡			龙刘区间入流	刘家峡		
			入库	出库	蓄变量		入库	出库	蓄变量
流凌前	1	13	3.4	7.0	−3.6	1.3	8.3	9.2	−0.9
流凌期	2	8	1.8	4.2	−2.4	0.6	4.8	4.0	0.8
封河期、开河期、开河后	3+4+5	130	15.9	38.9	−23.1	7.0	45.9	36.0	9.9
合计	1+2+3+4+5	151	21.1	50.1	−29.1	8.9	59.0	49.2	9.8

5.2.3.5　不同来水年份的调度特点

　　由以上分析可知,不同来水情况下,龙羊峡水库和刘家峡水库 11 月初至翌年 3 月末的防凌调度方式不同。丰水年水库蓄水和上游来水较多,流凌前下泄流量大,流凌期时间短,封河前刘家峡水库下泄库内蓄水约 5 亿 m³,封河期刘家峡水库蓄水约 9 亿 m³,开河期刘家峡水库蓄水约 5 亿 m³,开河后下泄流量较大;平水年,封河前两个阶段刘家峡水库下泄流量较丰水年略小,封河期刘家峡水库蓄水约 7 亿 m³,开河期刘家峡水库蓄水约 6 亿 m³,开河后下泄流量较丰水年略小;枯水年由于水库蓄水量少、来水小,凌汛初期刘家峡水库下泄流量较小,封河前刘家峡水库下泄库内蓄水较少,封河期刘家峡水库蓄水少,开河后龙羊峡水库和刘家峡水库不加大下泄流量。封河期刘家峡水库下泄流量平稳,开河

关键期最小流量在 300 m³/s 左右。

从近些年龙羊峡水库和刘家峡水库联合调度情况来看,龙羊峡水库和刘家峡水库联合调度在一定程度上减小了防凌与发电的矛盾,宁蒙河段防凌任务主要由刘家峡水库承担,刘家峡水库库容不足时,龙羊峡水库减小泄水。龙羊峡水库的运用主要根据刘家峡水库的下泄流量、蓄水量和电网发电情况,与刘家峡水库进行发电补偿调节。丰水年流凌期,龙羊峡水库一般不下泄库内蓄水;枯水年 11 月初至翌年 3 月末,龙羊峡水库均下泄库内蓄水。封河期,龙羊峡水库根据刘家峡水库出库流量和电网发电要求下泄流量,并控制封河期出库水量与刘家峡基本一致。综合来看,龙羊峡水库在凌汛期较有效地配合了刘家峡水库防凌运用。

5.2.4 刘家峡水库调度时机与宁蒙河段凌情对应关系分析

由于刘家峡水库出库流量至宁蒙河段的流量演进时间较长(一般小川至头道拐河段畅流期演进时间约为 13 d,封河期演进时间约为 17 d),目前中期气温预报和凌情特征日期的预报时间小于 10 d,刘家峡水库防凌调度的时间与宁蒙河段流凌、封河、开河等凌情特征日期的时间并不一定能完全对应。因此,为了评价刘家峡水库调度情况,需要分析每年凌汛期刘家峡水库防凌调度时机与宁蒙河段凌情的对应关系。

5.2.4.1 刘家峡水库控泄时机与宁蒙河段凌情特征时间对应关系分析

分析刘家峡控制下泄流量(以小川站表示)改变的四个节点时间与宁蒙河段凌情变化的主要特征时间点是否对应,来说明水库调度的时机是否合适。将 1989 ~ 2010 年宁蒙河段凌情特征时间考虑流量演进时间影响后,推算到小川断面,计算刘家峡水库控制运用节点时间与宁蒙河段凌情特征时间的差值(见表 5-10)。

表 5-10 1989 ~ 2010 年宁蒙河段凌情特征时间与刘家峡水库控制节点时间差值

(单位:d)

宁蒙河段凌情特征时间	首凌	首封	首开(蒙)	全开
刘家峡控制运用节点时间	流凌期开始	封河期开始	开河期开始	开河后开始
1989 ~ 2010 年差值平均	-2	1	-1	-8
1989 ~ 2010 年最大差值	11	30	29	-2
1989 ~ 2010 年最小差值	-10	-16	-22	-22

从表 5-10 中可以看出,多年平均情况下,首凌、首封和首开节点,水库和河道的时间基本一致,说明凌汛期水库调度与宁蒙河段凌情变化基本相应;全开的时间水库调度略为偏晚,这主要是因为本次统计以水文站全开河时间为准与宁蒙河段全部开河 4 d、5 d 的差别,考虑这一因素后,多年平均全开的时间水库控制与河道凌情也基本相应。但表中各个时间节点的最大差值、最小差值较大,即从单个年份看,有些年份某个时段的历时差值较大,说明由于影响凌情的因素较多、各种因素间的相互影响复杂、刘家峡水库距离内蒙古河段较远、冰凌预报难度较大等多种因素的共同影响,具体到某一年凌汛期不同阶段的刘家峡水库控制运用时机并非最好,防凌调度还有较大的优化空间。

另外,统计了两种时间凌汛期不同阶段的历时,1989～2010 年的多年平均情况见表 5-11。由表可以看出,宁蒙河段封河前、封河期及开河后的历时和小川站实际控制历时基本一致,这也说明多年来看刘家峡水库的防凌调度时机是基本合适的。

表 5-11　1989～2010 年刘家峡各阶段历时与宁蒙河段凌情实际历时对比(多年平均)

(单位:d)

时间标准	凌汛期各阶段历时					封河前历时	封河期历时	开河后历时
	1	2	3	4	5	1+2	3	4+5
小川站实际	12	12	85	27	16	24	85	42
宁蒙河段凌情	10	14	83	19	24	25	83	43
差值	−2	2	−2	−8	8	1	−2	1

5.2.4.2　刘家峡水库调度与宁蒙河段灌溉引退水流量的相应关系分析

以小川站时间为准,按照畅流期流量演进时间将各站相应小川站(1989～2010 年多年平均)11 月流量过程点绘图(见图 5-16),各站流量与小川站 11 月下泄过程对应后,可

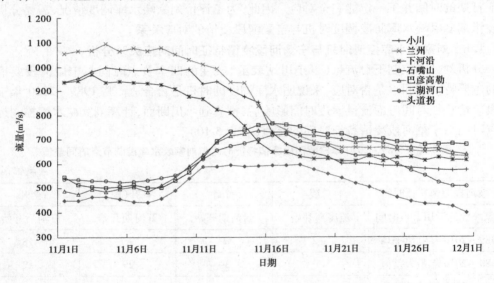

图 5-16　小川站 11 月流量及下游各站相应流量过程线(以小川站时间为准)

以看出,大部分年份刘家峡水库从 10 月中下旬开始泄放较大流量,满足宁蒙河段引水需求,宁蒙河段中卫、青铜峡、三盛公等灌区冬灌引水后,内蒙古河段的小流量过程一般在 11 月中下旬结束,11 月下旬后受退水等因素的影响流量增大,进入 12 月宁蒙灌区引退水影响减小,内蒙古河段流量基本稳定。11 月上中旬流凌前刘家峡水库下泄较大流量满足宁蒙河段引水需求;11 月中下旬刘家峡水库下泄流量考虑宁蒙灌区引水流量减小而逐步减小,对宁蒙河段引退水进行反调节、推迟封河时间、塑造适宜的封河流量,至 11 月下旬基本保持较稳定的流量,这种调度方式与宁蒙河段引退水过程基本相应,使 12 月后内蒙古河段流量基本稳定,总体来看调度方式是基本合适的。但如果强降温过程出现早,使得

封河时间提前、宁蒙河段引水过程未结束,这种规则的调度方式会形成较小流量封河,对防凌仍不利。

5.2.5 刘家峡不同出库流量对宁蒙河段流量过程的影响分析

5.2.5.1 流凌前和流凌期不同出库流量对宁蒙河段流量过程及封河流量的影响

受宁蒙灌区引退水影响,刘家峡水库以下上游各水文站之间 11 月的流量过程变化较大。一般情况下,宁夏河段引水对石嘴山流量的影响基本在 11 月中旬结束,11 月下旬受灌区退水和流量演进影响,石嘴山站流量大于下河沿站。三盛公水利枢纽的引水基本在 11 月 5 日左右结束,11 月 5 日后,巴彦高勒站与石嘴山站流量相差不大;受巴彦高勒站至三湖河口站之间退水影响,11 月 15 日之前,三湖河口站流量大于巴彦高勒站,11 月 15 日之后,三湖河口站流量变化主要受石嘴山站流量演进影响。到 11 月下旬,石嘴山—头道拐河段流量主要受刘家峡水库下泄、刘家峡水库—兰州区间加水、兰州—下河沿和下河沿—石嘴山河段用水、下河沿—石嘴山区间灌溉退水等几种因素的影响。其中,刘家峡水库下泄流量是最主要的影响因素;刘家峡水库—兰州区间加水和兰州—下河沿河段用水影响基本可以相互抵消一部分,使得下河沿站流量比小川站流量略大;灌区退水流量的影响是另外一个稍大的影响因素。

选择 2005 年、2006 年、2002 年 11 月作为刘家峡水库下泄流量较大、一般和较小的典型年份,分析刘家峡水库不同下泄流量对宁蒙河段流量的影响(见图 5-17 ~ 图 5-19 和表 5-12)。可以看出,流凌前,11 月上中旬,刘家峡水库下泄流量大、宁夏河段的引水量也较大,刘家峡水库下泄流量小,宁夏河段相应引水量也小。刘家峡水库下泄流量不同使 11 月上中旬宁蒙河段的流量不同,下泄流量大,宁蒙河段的流量为 700 ~ 900 m³/s;下泄流量一般,宁蒙河段的流量在 300 ~ 700 m³/s;下泄流量小,宁蒙河段的流量在 200 ~ 700

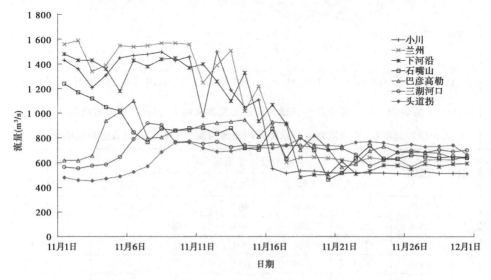

图 5-17　2005 年小川—头道拐河段主要水文站 11 月逐日流量过程线

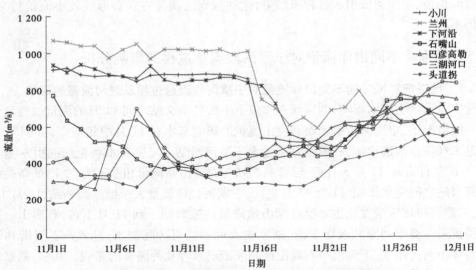

图 5-18　2006 年小川—头道拐河段主要水文站 11 月逐日流量过程线

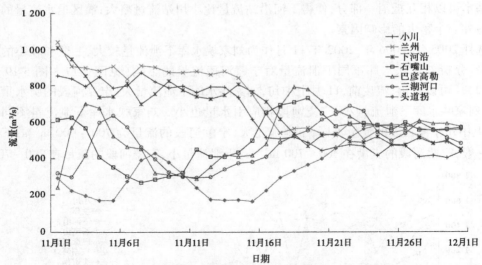

图 5-19　2002 年小川—头道拐河段主要水文站 11 月逐日流量过程线

表 5-12　流凌前、流凌期刘家峡水库不同出库流量对宁蒙河段流量过程影响分析

凌汛时期	典型年	宁蒙河段各站流量（m³/s）					下河沿—石嘴山水量（亿 m³）
		下河沿	石嘴山	巴彦高勒	三湖河口	头道拐	
流凌前	2005	1 303	804	861	730	748	5.17
	2006	857	397	449	488	408	5.56
	2002	755	501	508	481	459	2.85
流凌期	2005	695	598	653	652	707	0.42
	2006	589	653	702	753	456	−0.77
	2002	489	543	556	450	373	−0.88

m^3/s。11 月下旬,宁蒙河段的流量逐渐趋于稳定,各站间差别较小,为宁蒙河段平稳封河提供适宜的流量,刘家峡水库下泄流量较大,三湖河口—头道拐的流量基本上在 600 ~ 800 m^3/s;下泄流量中等,三湖河口—头道拐的流量在 500 ~ 800 m^3/s;刘家峡下泄流量小,三湖河口—头道拐的流量在 500 ~ 600 m^3/s。

5.2.5.2　封河期不同出库流量对宁蒙河段流量和槽蓄水增量的影响

宁蒙河段封河后由于每年的气温和河道边界条件都不相同,槽蓄水增量的形成和分布情况不同,相应的宁蒙河段各水文站断面的流量过程也不同。但由于封河期刘家峡水库总体上下泄较为平稳的流量,宁蒙河段均可形成较稳定的冰盖和冰下过流条件,封河期宁蒙河段各主要水文站的流量除封河初期流量波动较大外,封河几日后的流量一般较为稳定。1989 ~ 2010 年封河期刘家峡出库平均流量与宁蒙河段主要水文站断面相应平均流量关系见图 5-20。

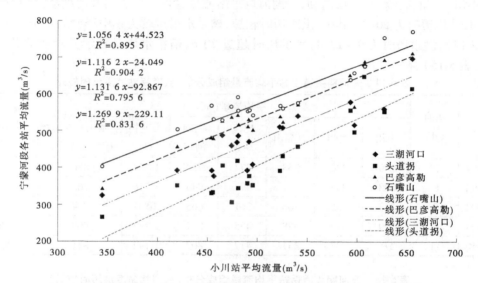

图 5-20　1989 ~ 2010 年宁蒙河段主要水文站封河期平均流量与小川站平均流量关系

从图 5-20 中可以看出,封河期宁蒙河段各站的平均流量与小川站平均流量成正相关的关系,且相关系数较高,小川站下泄流量越大,宁蒙河段流量也越大。石嘴山站、巴彦高勒站与小川站的相关系数高于三湖河口站和头道拐站,主要是由于三湖河口站、头道拐站受上游河段封、开河和槽蓄水增量变化影响,流量波动比上游两个站大。

封河期不同年段宁蒙河段主要水文站的流量、水量统计见表 5-13。由表可见,龙羊峡水库运用后 1989 ~ 2010 年封河期石嘴山—头道拐河段流量为 421 ~ 585 m^3/s;2000 ~ 2010 年封河期的流量比 1989 ~ 2000 年减小较多。但由于河道过流能力减小,内蒙古河段槽蓄水增量却增大较多,特别是 2005 ~ 2010 年,封河期刘家峡水库下泄流量增大,使得内蒙古河段的槽蓄水增量有较明显增加。

表 5-13　封河期不同年段宁蒙河段各站流量、水量统计

年份	各站流量（m³/s）						石嘴山—头道拐槽蓄水增量（亿 m³）
	小川	下河沿	石嘴山	巴彦高勒	三湖河口	头道拐	
1989~2000	528	610	640	607	555	501	9.4
2000~2010	456	512	536	493	424	349	12.7
1989~2010	494	558	585	547	486	421	11.1
2005~2010	478	545	560	531	474	370	14.2

5.2.5.3　开河期不同出库流量对宁蒙河段流量的影响

开河期，刘家峡水库减小下泄流量，以缓解宁蒙河段槽蓄水增量释放带来的较大流量。统计分析了 1989~2010 年开河期头道拐站融冰洪水过程，并计算与头道拐时间相应的小川、兰州、石嘴山、巴彦高勒、三湖河口等站流量过程。头道拐开河期凌洪历时为 9~31 d，平均历时为 20 d。其中，洪水历时较短、槽蓄水增量较为集中释放的年份有 4 年（见表 5-14），洪水历时为 9~13 d；凌洪历时超过 20 d、槽蓄水增量较缓慢释放的共有 8 年（见表 5-15）。

表 5-14　开河期头道拐站平均流量组成分析（头道拐站凌洪历时较短）

年份	历时（d）	平均流量（m³/s）						石嘴山—头道拐槽蓄水释放②	槽蓄水释放量占头道拐比例（%）②/①
		小川	兰州	石嘴山	巴彦高勒	三湖河口	头道拐①		
1997	10	269	320	358	374	783	1 234	876	71
1998	12	298	353	351	497	943	1 216	865	71
2003	9	233	285	306	361	665	1020	714	70
2004	13	299	372	388	435	837	1 297	909	70
平均	11	275	333	351	417	807	1 192	841	70.5

表 5-15　开河期头道拐站平均流量组成分析（头道拐站凌洪历时较长）

年份	历时（d）	平均流量（m³/s）						石嘴山—头道拐槽蓄水释放②	槽蓄水释放量占头道拐比例（%）②/①
		小川	兰州	石嘴山	巴彦高勒	三湖河口	头道拐①		
1993	22	518	564	583	583	820	1 072	488	46
1994	28	462	495	540	659	781	956	416	43
2005	21	312	382	422	558	808	1 123	701	62
2006	22	333	393	408	514	792	1 051	643	61
2007	21	324	390	386	456	649	948	562	59
2009	31	309	363	387	426	668	913	526	58
2010	27	297	364	389	444	722	958	569	59

注：2008 年开河期宁蒙河段溃堤，槽蓄水增量的释放量计算偏小，误差较大，不予统计。

从表 5-14、表 5-15 中看出,开河期由于河道槽蓄水增量的释放,宁蒙河段的流量沿程增大。短历时凌洪,内蒙古河段槽蓄水增量释放量占头道拐站洪量的比例高,达到约 71%;长历时凌洪占比例稍小,为 43% ~62%。2005 年以来,内蒙古河段槽蓄水增量释放量占头道拐站洪量的比例为 60% 左右。刘家峡水库对石嘴山和巴彦高勒两站流量的影响比较大,但三湖河口站和头道拐站受河段槽蓄水增量释放影响较大,刘家峡水库下泄流量变化对两站流量的影响比较复杂。如表 5-15 中,刘家峡水库下泄流量 20 世纪 90 年代初的 490 m³/s 减小至近期的约 315 m³/s,减小 175 m³/s,基本可使石嘴山站、巴彦高勒站流量减小约 150 m³/s,凌洪水量减小 29% ~23%,但三湖河口站和头道拐站的流量减小并不明显。

2000 年后开河期刘家峡水库下泄流量约 300 m³/s,这基本是满足下游供水、生态需求的最小流量,刘家峡水库的出库流量已基本压减到最小,近期开河期的水库调度是较为合理的,但对整个河段开河形势改善还存在不足,主要是刘家峡水库距离宁蒙河段(特别是内蒙古河段)比较远,控泄时机不易把握。

5.2.6 防凌调度经验总结

(1)刘家峡水库在凌汛期的调度中,根据宁蒙河段灌溉引水、流凌、封河、开河的特点,对下泄流量进行调整,在调度中考虑了流量演进时间对宁蒙河段流量过程的影响,从 1989 ~2010 年凌汛期的多年平均情况看,刘家峡水库出库流量的控制时机、控制流量与宁蒙河段引退水、凌情特征时间相应关系较为一致,水库调度总体比较合理。

(2)一般情况下,11 月上旬流凌前,刘家峡水库下泄较大流量,可以满足宁蒙河段引水需求。11 月中下旬流凌封河时,刘家峡水库下泄流量由大到小逐步减小的运用方式能较好地对宁蒙河段引水进行反调节,有利于推迟封河时间、塑造较为合理的封河流量。封河前,刘家峡水库下泄库内蓄水 2 亿 ~6 亿 m³。但如果强降温过程出现早,使得封河时间提前,宁蒙河段引水过程未结束,这种规则的调度方式会形成小流量封河,对防凌不利。

(3)封河期刘家峡水库适度减小下泄流量,有利于减小槽蓄水增量;控制下泄流量过程平稳,以减小流量波动对防凌的不利影响;封河后刘家峡水库基本保持 500 m³/s 左右的平均流量下泄,使得巴彦高勒站、三湖河口站、头道拐站的流量能够稳定在 550 m³/s、490 m³/s、420 m³/s 左右。一般情况下,封河期刘家峡水库蓄水 4 亿 ~10 亿 m³。

(4)开河期,刘家峡水库进一步减小流量,减小宁蒙河段凌洪流量,避免形成水鼓冰开的"武开河"形势。近期,刘家峡水库在开河期的调度时间总体较为合适,在满足供水、用水的情况下,开河关键期的流量已基本压减到最小 300 m³/s 左右。一般情况下,开河期刘家峡水库蓄水 4 亿 ~8 亿 m³。短历时凌洪,内蒙古河段槽蓄水增量释放量占头道拐站洪量的比例高达 70%;长历时凌洪内蒙古河段蓄水增量释放量占头道拐站洪量比例为 43% ~62%。开河期刘家峡水库减小下泄流量能够较明显减小石嘴山站和巴彦高勒站流量过程,但三湖河口站和头道拐站受河段槽蓄水增量释放影响较大,水库下泄流量变化对两站流量的影响比较复杂。

(5)凌汛期不同来水情况下,刘家峡水库的防凌调度方式基本一致,但不同阶段下泄流量、水库蓄泄水量有一定差别。丰水年,流凌前和开河后刘家峡水库下泄流量较大,以尽量腾出库容防凌、维持封河流量、加大流量兴利,封河期流量略大于平水年;枯水年凌汛期下泄流量较小,封河期和开河关键期的控制流量接近。丰水年封河前,刘家峡水库下泄库内蓄水多,封河期和开河期水库蓄水量大;枯水年封河前,水库下泄库内蓄水少,封河期和开河期水库蓄水量较小。

(6)凌汛期龙羊峡水库一般下泄流量较稳定,水库补水量占刘家峡出库水量的50%左右,龙羊峡水库的运用主要根据刘家峡水库的下泄流量、蓄水和电网发电情况,与刘家峡水库进行发电补偿调节。流凌期,丰水年龙羊峡水库一般不下泄库内蓄水,平水年少量下泄库内蓄水,枯水年下泄库内蓄水较多;封河期,龙羊峡水库根据刘家峡水库出库流量和电网发电要求下泄流量,并控制封河期出库水量与刘家峡水库基本一致;开河期,丰水年龙羊峡水库下泄库内蓄水少于平水年,枯水年水库蓄水少,下泄水量小。

(7)由于每年凌汛期气温过程不同、刘家峡水库至宁蒙河段距离较远、气温预报和凌情预报的预见期不能完全满足水库防凌调度的需求等,部分年份刘家峡水库控制出库流量的时机和控制流量并未完全与宁蒙河段凌情的发展相吻合,水库防凌调度还有优化的空间。

(8)宁蒙河段凌汛形势受动力、热力和河道边界条件等多种因素共同影响,虽然龙羊峡、刘家峡水库防凌调度已尽力减小了动力条件对宁蒙河段凌情的影响,但由于近期宁蒙河段主河槽过流能力小、气温波动大,凌汛具有险情多发、凌灾突发、不易防守等特点,水库防凌调度并不能全部解决宁蒙河段的防凌问题,水库调度后宁蒙河段的防凌形势依然严峻,今后必须依靠建设黑山峡水库、加强堤防建设等工程措施和非工程措施综合防凌。

5.3　不同情景刘家峡水库防凌控泄流量分析

5.3.1　宁蒙河段可能出现的凌汛情景分析

宁蒙河段凌情主要受动力、热力和河道边界条件影响。宁蒙河段的动力条件主要受上游天然来水和龙羊峡、刘家峡水库运用控制,龙羊峡水库运用后的20多年,上游来水基本包括了丰、平、枯水年(段),水库防凌已摸索出较为合理的调度方式,今后动力条件对宁蒙河段的影响与龙羊峡水库运用后相比变化不大。

由于近20年来上游气温整体偏暖,宁蒙河段基本没有出现严寒的年份(凌汛期累积日负气温低于 -1 000 ℃),主要是偏寒(累积日负气温 -750 ~ -1 000 ℃)和暖冬年份(累积日负气温高于 -750 ℃),凌汛期封冻时间也比20世纪五六十年代短。今后,在气温整体偏暖的背景下,除可能出现偏寒和暖冬年份外,不能排除异常严寒年份出现,因此在防凌调度中,应考虑出现严寒年份的情景。

河道边界的变化与来水来沙条件和人类活动影响关系紧密。2012年上游大水后,宁蒙河段主槽过流能力有所增大,河道平滩流量总体达到2 000 m³/s 左右,但冲积性河流河道的回淤和调整也较快,而且今后桥梁等跨河建筑物还会有所增加,因此与近10多年相比,今后10来年宁蒙河段河道边界条件总体上变化不大,河道平滩流量基本可以考虑为

1 500 ～2 000 m³/s。

　　基于以上认识,本书主要分析三种情景下龙羊峡、刘家峡水库的联合防凌调度方式。一是近期气温条件、宁蒙河段平滩流量为1 500 m³/s 左右(情景一);二是近期气温条件、宁蒙河段平滩流量为2 000 m³/s 左右(情景二);三是气温严寒、宁蒙河段平滩流量为1 500 m³/s 左右(情景三)。

　　情景一、情景二是最有可能出现的情况,情景一的河道过流条件接近21 世纪00 年代,情景二的河道过流条件与2012 年相近。分析这两种情景,是为了说明近期不同河道过流条件下刘家峡水库的控泄流量和不同河道过流条件对龙羊峡水库下泄流量、上游梯级发电的影响。情景三,主要分析气温严寒、封河时间长、上游来水较丰的情况下,刘家峡水库和龙羊峡水库的可能运用情况。考虑到气温严寒情况下,冰厚、封河长度等增加,河道槽蓄水增量可能会增大,刘家峡水库的控泄流量应取较小的流量方案。

5.3.2　刘家峡水库防凌控泄流量分析

5.3.2.1　刘家峡—头道拐河段需水流量要求

　　凌汛期刘家峡水库下泄流量需满足水库以下用水、河道生态流量需求,刘家峡—头道拐河段用水需求约为15.5 亿 m³,头道拐断面生态流量为250 m³/s,考虑刘家峡—头道拐河段区间径流后,凌汛期刘家峡水库最小需下泄水量为40 亿 m³,各月河段需水过程见表5-16。在实际运用中,刘家峡水库不仅要考虑水库以下的国民经济用水流量要求,而且需要考虑上游发电要求。

表5-16　刘家峡—头道拐河段凌汛期用水需求分析

各月流量、水量	各月平均流量(m³/s)					凌汛期水量(亿 m³)	
	11 月	12 月	1 月	2 月	3 月	11 月至翌年3 月	12 月至翌年2 月
刘家峡—头道拐需水	310	67	67	67	86	15.5	5.2
头道拐生态需水	250	250	250	250	250	32.6	19.5
刘家峡—头道拐天然流量	119	−120	−38	42	310	8.2	−3.2
刘家峡水库需下泄流量	441	437	355	275	26	40.0	27.9

注:刘家峡—头道拐天然流量采用《黄河流域水资源综合规划》头道拐站和刘家峡水文站还现后成果的差值。

5.3.2.2　凌汛期不同阶段宁蒙河段安全过流量要求的刘家峡控泄流量分析

　　根据上游河道防凌控制指标研究成果:①对于封河流量,河道平滩流量为1 500 m³/s 时,刘家峡水库控泄450 ～600 m³/s;河道平滩流量为2 000 m³/s 时,刘家峡水库控泄流量为500 ～650 m³/s。②对于稳封期流量,河道平滩流量为1 500 m³/s 时,稳封期刘家峡水库的下泄流量为400 ～500 m³/s;河道平滩流量为2 000 m³/s 时,刘家峡水库控泄流量比封河阶段减小50 m³/s ,为450 ～600 m³/s。③在开河关键期,刘家峡水库按刘家峡—头道拐河段需水要求的最小流量300 m³/s 左右控制下泄。

5.3.2.3　调度经验分析

　　总结刘家峡水库控泄流量经验分析成果见表5-17。由表可以看出,宁蒙河段平滩流

量为1 500 m³/s左右时,流凌前下泄较大流量期间,丰水年份的下泄流量范围在1 200~
1 500 m³/s与平水年及枯水年差别较大;封河期,水库下泄流量主要考虑封河期河道过流
能力、前期河道槽蓄水增量、水位等凌情和上游来水、水库蓄水、黄河中下游河道用水、上
游梯级发电等多种情况,因此各种来水条件下水库下泄流量虽有所差别,但差值不大;开
河关键期,刘家峡水库按照下游河道供用水等允许的最小流量300 m³/s下泄;开河后较
大流量期间,受来水条件影响,丰水年份一般在1 150 m³/s左右,而平水年略小,枯水年由
于上游来水和水库蓄水少,刘家峡水库甚至未有大流量下泄过程。

表 5-17　刘家峡水库控泄流量经验分析成果　　　　　　　　　（单位:m³/s）

不同时期	流凌前	封河期	开河关键期	开河后
丰水年	1 200~1 500	500	300	1 150
平偏丰	1 000~1 300	500	300	700~800
平偏枯	900~1 100	600 *	300	300~600
枯水年	700~900	400	300	300
特枯水年	700~900	400	250	250

注:* 典型年为20世纪90年代,受河道过流能力影响,封河期流量较大,代表性不强。

因此,流凌封河前为满足宁蒙冬灌需求,刘家峡水库下泄较大流量,根据不同来水条
件,控制水库泄流在700~1 500 m³/s。冬灌引水结束后,刘家峡水库按照宁蒙河段要求
的适宜封河流量控泄,河道平滩流量为1 500 m³/s时,刘家峡控泄流量为450~600 m³/s;
河道平滩流量为2 000 m³/s时,刘家峡水库控泄流量为500~650 m³/s。稳封期,河道平
滩流量为1 500 m³/s时,刘家峡控泄流量为400~500 m³/s;河道平滩流量为2 000 m³/s
时,刘家峡水库控泄流量450~600 m³/s。开河关键期控制下泄流量在300 m³/s左右。
上游来水较丰时,加大封河期和开河后的过流量,来水较枯时,减小下泄流量。

5.4　龙羊峡、刘家峡水库现状联合防凌调度方式优化研究

5.4.1　龙羊峡、刘家峡水库联合防凌调度方式拟订

5.4.1.1　龙羊峡、刘家峡水库联合防凌调度方式分析

从刘家峡水库凌汛期的实际调度过程和库内蓄水位的变化过程可以看出,刘家峡水
库的防凌调度主要需确定四个时间点的水库蓄水位(蓄水量),一是11月1日,刘家峡水
库预留的满足宁蒙河段冬灌引水需求的蓄水量;二是冬灌引水结束、封河期开始时的蓄水
位,此水位确定了水库预留的凌汛期防凌库容;三是开河期开始时的控制水位,该水位确
定开河期刘家峡水库预留的防凌库容;四是刘家峡水库凌汛期的最高运用水位。其中,封
河期开始和开河期开始的水位直接影响防凌调度,是最关键的控制水位,而封河期开始的
水位又受11月1日水位影响。刘家峡水库凌汛期不同阶段的控制水位与龙羊峡水库的
下泄水量紧密相关,因此必须首先确定龙羊峡、刘家峡水库的联合防凌调度方式,才能确

定刘家峡水库各阶段的防凌控制指标。

在刘家峡水库凌汛期下泄流量满足防凌要求的前提下,龙羊峡、刘家峡水库的联合防凌运用应以刘家峡水库防凌库容满足防凌要求,且上游梯级发电效益较好为目标。刘家峡水库凌汛期的最大防凌库容约为 20 亿 m^3,凌汛期下泄流量较大则梯级发电效益较优。因此,凌汛期龙羊峡、刘家峡两库较好的联合防凌运用方式为:刘家峡水库按照封河流量控制运用前(11 月 1 ~ 20 日),刘家峡水库蓄水量适当,龙羊峡、刘家峡两库下泄流量和水量满足宁蒙河段引水需求,且使得引水期末刘家峡水库的蓄水位较低;在刘家峡水库开始按照封河流量控制运用时(11 月 20 日左右),刘家峡水库的蓄水位较低、防凌库容较大;宁蒙河段封开河阶段,刘家峡水库的控制流量满足防凌要求,龙羊峡水库下泄流量适当,使得凌汛期末,刘家峡水库的防凌库容基本用满(龙羊峡水库的下泄水量较多且满足防凌要求)。

由龙羊峡、刘家峡水库实际调度情况分析可知,封河期龙羊峡水库的下泄水量与刘家峡水库基本相同,刘家峡水库拦蓄龙刘区间的来水,即封河期刘家峡水库的防凌库容等于龙刘区间的来水量。开河关键期,刘家峡水库压减流量至 300 m^3/s 左右,龙羊峡水库下泄水量大于刘家峡水库出库,按照发电补偿的原则调节,尽可能减少由于刘家峡水库下泄流量减小而损失的发电量,即开河关键期,刘家峡水库的防凌库容等于龙羊峡、刘家峡区间(简称龙刘区间)来水量与龙羊峡水库多下泄(比刘家峡水库多下泄)的水量之和。

目前,龙羊峡、刘家峡水库的联合防凌调度方式,是通过多年实际经验积累,满足防凌和发电需求的基本方式,因此本书以现状龙羊峡、刘家峡水库联合防凌调度方式为基础,分析凌汛期不同阶段刘家峡水库的控制水位。

因此,初步拟订龙羊峡、刘家峡水库的联合防凌调度方式为:封河前刘家峡水库加大下泄流量以满足宁蒙冬灌引水需求,龙羊峡水库根据刘家峡水库蓄水控制下泄流量,使封河前刘家峡水库蓄水位满足防凌需求;封河期,刘家峡水库按照宁蒙河段防凌要求控制下泄流量,龙羊峡水库控制下泄水量与刘家峡水库相同;开河期,刘家峡水库进一步减小下泄流量,龙羊峡水库视刘家峡水库蓄水情况进行发电补偿调节,控制刘家峡水库蓄水位不超过1 735 m。

按照初拟的龙羊峡、刘家峡水库联合运用方式,刘家峡水库防凌库容与其下泄流量的关系不大,防凌库容的大小主要取决于封河后龙刘区间来水和开河期龙羊峡水库比刘家峡水库多下泄的水量,因此在刘家峡水库防凌调度指标研究中,不再分析宁蒙河段不同过流能力对调度指标的影响,而重点研究凌汛期龙刘区间的来水量、11 月 1 日刘家峡水库蓄水量和开河期龙羊峡水库补水量等指标。

5.4.1.2　封、开河期龙刘区间水量估算

宁蒙河段近 20 年河段平均首封、首开和全开时间为 12 月 4 日、2 月 23 日和 3 月 21 日,考虑 15 d 左右的传播时间,刘家峡水库一般从 11 月 20 日、2 月 10 日和 3 月 10 日左右开始按照进入封河期、开河期和凌汛期结束运用。考虑到每年封、开河时间不固定,有封河早、开河晚的年份,从偏于安全的角度,主要分析刘家峡水库 11 月 15 日开始按照封河期运用,3 月 20 日按照河段全开运用的情况。因此,统计分析了 1954 ~ 2010 年度(1996 ~ 1997 年李家峡蓄水除外,共 55 年)11 月 15 日至翌年 3 月 20 日期间龙刘区间来

水量,见表5-18。

表5-18　1954～2010年凌汛期不同阶段龙刘区间水量统计

刘家峡出库时间(月-日)		11-15至翌年02-19	02-20～03-20	11-15至翌年03-20
相应宁蒙河段凌汛阶段		封河期	开河期	封河期+开河期
龙刘区间水量 (亿 m^3)	均值	7.6	2.0	9.7
	最大	14.1	3.7	17.7
	最小	3.0	0.3	4.0

从表5-18中看出,55年中11月15日至翌年3月20日龙刘区间最大来水量为17.7亿 m^3,小于刘家峡水库20亿 m^3 的防凌库容,这说明刘家峡水库可以拦蓄封、开河期龙刘区间的全部来水。55年中11月15日至翌年3月20日龙刘区间平均来水量为9.7亿 m^3,即一般情况下,刘家峡水库需要10亿 m^3 左右的库容拦蓄龙刘区间来水,另外还有约10亿 m^3 的库容可以拦蓄封、开河期龙羊峡水库(比刘家峡水库)多下泄的水量。

对龙刘区间不同时间段的水量进行了经验频率计算,不同重现期的水量见表5-19,11月15日至翌年3月20日10年一遇龙刘区间来水量为14.2亿 m^3,20年一遇为16.8亿 m^3。对于10年一遇至20年一遇的龙刘区间来水,刘家峡水库还有3.2亿～5.8亿 m^3 的库容可以拦蓄封、开河期龙羊峡水库(比刘家峡水库)多下泄的水量。

表5-19　凌汛期不同阶段相应的不同重现期龙刘区间水量分析

重现期(年)	不同时间(月-日)段龙刘区间水量(亿 m^3)			剩余库容 (亿 m^3)
	11-15至翌年02-19 (相应宁蒙封河期)	02-20～03-20 (相应宁蒙开河期)	11-15至翌年03-20	
55	14.1	3.7	17.7	2.3
20	13.8	3.5	16.8	3.2
10	11.5	3.0	14.2	5.8
5	9.8	2.7	12.7	7.3
2	7.2	2.0	9.0	11.0

5.4.1.3　刘家峡水库封、开河期防凌库容估算

由于封河期龙羊峡水库控制出库水量与刘家峡水库基本相同,因此封河期刘家峡水库的防凌库容等于同期龙刘区间的来水量。从表5-19可以看出,封河期所需最大的防凌库容约为14.1亿 m^3,20年一遇约为13.8亿 m^3,10年一遇约为11.5亿 m^3。初步确定,刘家峡水库封河期的最大防凌库容为14亿 m^3。

封河期的最大防凌库容确定后,则留给开河期的防凌库容不少于6亿 m^3,开河期防凌库容除拦蓄龙刘区间来水外,还可以拦蓄龙羊峡水库多下泄的水量。从表5-20可以看出,开河期龙刘区间的来水量最大约3.7亿 m^3,则龙羊峡水库最多可比刘家峡水库多下泄2.3亿 m^3 的水量;龙刘区间20年一遇来水量约3.5亿 m^3,龙羊峡水库最多可比刘家峡水库多下泄2.5亿 m^3 的水量。

表 5-20　凌汛期不同时间刘家峡水库蓄水量估算　　　　　　（单位：亿 m³）

重现期（年）	相应宁蒙河段封河前		相应宁蒙河段封河期		相应宁蒙河段开河期		
	刘家峡蓄水		龙刘区间来水	刘家峡蓄水	龙刘区间来水	龙羊峡可补水	刘家峡蓄水
	11-01	11-15	11-15 ~ 02-19	02-19	02-20 ~ 03-20	02-20 ~ 03-20	03-20
55	4.0	0	14.1	14.0	3.7	2.3	20.0
20	4.2	0.2	13.8	14.0	3.5	2.5	20.0
10	6.0	2.0	11.5	13.5	3.0	3.5	20.0
5	6.0	2.0	9.8	11.8	2.7	5.5	20.0
2	8.0	4.0	7.2	11.2	2.0	6.7	20.0

5.4.1.4　刘家峡水库 11 月 1 日、11 月 15 日预留水量分析

　　11 月 1 日刘家峡水库的蓄水不能太多，否则封河之前腾不出足够的防凌库容，影响凌汛期防凌运用；同时，蓄水也不能过少，当刘家峡水库蓄水太少，加大流量时不能满足宁蒙河段冬灌要求，还需要龙羊峡水库补水，这样一是不利于刘家峡水库发电，二是加大了龙羊峡、刘家峡水库调度的难度，不好操作。因此，11 月 1 日刘家峡水库预留的水量主要根据刘家峡—宁蒙河段冬灌引耗水量、封河前刘家峡水库实际下泄库内蓄水量、封开河期实际需要的防凌库容等综合确定。

　　根据 4.2.2 节刘家峡—宁蒙河段区间冬灌引耗水量分析可以看出，近期 11 月 9 ~ 24日刘家峡—宁蒙河段冬灌的耗水量平均为 5.48 亿 m³，最小为 3.52 亿 m³（表 4-7），即刘家峡水库一般多下泄 5.48 亿 m³ 左右的蓄水就可以在保证宁蒙河道适宜过流量的条件下，基本满足冬灌引水要求。根据 5.2 节近期 20 年龙羊峡、刘家峡水库实际调度经验分析，封河前刘家峡水库下泄库内蓄水量（补水量）2 亿 ~ 6 亿 m³。因此，初步确定 11 月 1日刘家峡水库最少预留 4 亿 m³ 的水量满足宁蒙河段冬灌引水需求。

　　刘家峡水库 11 月 1 日的预留水量还与封、开河期需要的防凌库容紧密相关，从表 5-20 可以看出，对于龙刘区间 20 年一遇及其以上来水，需要的防凌库容最少在 17 亿m³ 左右，剩下的约 2.5 亿 m³ 库容用于开河期多拦蓄龙羊峡泄水。而龙刘区间 5 ~ 10 年一遇的来水需要的防凌库容最少在 12.5 亿 ~ 14.5 亿 m³，有约 5.5 亿 ~ 7.5 亿 m³ 的库容可用于提高 11 月 1 日蓄水量或开河期多拦蓄龙羊峡泄水；对于这一量级的来水，初步拟订11 月 1 日预留 6 亿 m³ 蓄水，按照半个月下泄库内蓄水 4 亿 m³，则 11 月 15 日刘家峡水库蓄水 2 亿 m³，还有 3.5 亿 ~ 5.5 亿 m³ 的库容可用于开河期多拦蓄龙羊峡泄水。对于龙刘区间 2 年一遇的来水，只需要约 9 亿 m³ 的防凌库容，则 11 月 1 日可以增加蓄水到 8 亿m³，按照半个月下泄库内蓄水 4 亿 m³，则 11 月 15 日刘家峡水库蓄水 4 亿 m³，还有约 6.7亿 m³ 的库容可用于开河期多拦蓄龙羊峡泄水。

5.4.1.5　刘家峡水库防凌调度指标及龙羊峡、刘家峡水库联合防凌调度方式拟订

　　因此，可以初步拟订刘家峡水库的防凌控制指标为：11 月 1 日刘家峡水库的蓄水量为 4 亿 ~ 8 亿 m³，满足宁蒙河段冬灌引水后，刘家峡水库的蓄水量为 0 ~ 4 亿 m³，封河期

末刘家峡水库的蓄水量一般控制不超过 14 亿 m³,开河期末刘家峡蓄水不超过 20 亿 m³;相应的水位控制指标为:11 月 1 日水位控制在 1 721 ~ 1 725 m,满足宁蒙河段冬灌引水后、封河前的水位为 1 717 ~ 1 721 m,封河期末、开河期前一般水位控制不超过 1 730 m,开河期末不超过 1 735 m。

由于每年凌汛期的来水,气温和封、开河时间等都不同,实际的封、开河期防凌库容与估算值有差别,因此在控制指标分析的基础上,拟订了两种龙羊峡、刘家峡水库联合防凌调度方式,用于典型年的分析计算。

方式一,11 月 1 日,控制刘家峡水库水位降至 1 721 ~ 1 725 m。11 月上中旬刘家峡水库继续加大流量下泄,满足宁蒙河段冬灌引水需求;龙羊峡水库视刘家峡水库蓄水和龙刘区间来水情况,控制下泄流量,使刘家峡水库蓄水位降至 1 717 ~ 1 721 m。引水结束后,刘家峡水库按照宁蒙河段要求的封河流量控制下泄,保持流量平稳并缓慢减小;龙羊峡水库根据刘家峡水库的出库流量、电网发电要求控制下泄流量等,总体控制引水期末至封河期末的下泄水量与刘家峡水库相同。进入开河期,刘家峡水库减小下泄流量,最小控制出库流量为 300 m³/s 左右;龙羊峡水库视刘家峡水库蓄水、龙刘区间来水,按照维持前期流量或加大流量下泄的方式运用,当刘家峡库水位达到 1 733 m 时,龙羊峡水库按刘家峡水库出库泄流,并控制刘家峡水库最高蓄水位不超过 1 735 m。

方式二,刘家峡水库的运用方式与方式一相同,龙羊峡封开河期的运用方式调整。封河期刘家峡库水位达到 1 730 m 时,龙羊峡水库视龙刘区间来水减小下泄流量,控制刘家峡水库的蓄水位保持在 1 730 m;进入开河期,龙羊峡水库视刘家峡水库蓄水、龙刘区间来水,按照维持前期流量或加大流量下泄的方式运用,并控制刘家峡水库最高蓄水位不超过 1 735 m。

5.4.2　不同情景龙羊峡、刘家峡水库联合防凌调度方案计算分析

5.4.2.1　龙羊峡、刘家峡水库联合防凌调度方案拟订

根据拟订的龙羊峡、刘家峡水库联合防凌运用方式,针对不同的防凌调度边界条件,以龙羊峡水库死水位以上蓄水量及龙羊峡水库入库水量(预报)为判别变量来判别蓄水丰枯情况,考虑河道过流能力及凌汛年度气温类型制订防凌调度方案,进行防凌调度计算。

1. 基于方式一的防凌调度方案

基于防凌运用方式一拟订防凌调度方案如下。

1)11 月 1 日至封河期结束

a. 刘家峡水库

11 月 1 日,控制刘家峡水库水位至 1 721 ~ 1 725 m;之后,根据预估的凌汛年度来蓄水类型,对于来蓄水偏丰、一般及偏枯年度,分别按照 1 200 m³/s、1 000 m³/s 及 800 m³/s 为基本控泄流量,按满足宁蒙河段冬灌引水需求下泄;在流凌期结束前降至宁蒙河段封河控制流量 600 m³/s、500 m³/s 及 450 m³/s 左右;之后按照封河流量要求下泄,保持流量平稳并缓慢减小,直至封河期结束。

b. 龙羊峡水库

11 月 1 日,控制龙羊峡水库水位不超过 2 597.5 m;11 月 1 日至宁蒙河段冬灌引水结束期间,在龙羊峡水库水位低于 2 600 m,根据刘家峡水库的蓄水量和龙刘区间来水情况,在基本保证刘家峡水库的防凌控泄流量要求下,采用与区间凑泄且减少泄量的方式,控制下泄流量,使刘家峡水库蓄水位降至 1 717 ~ 1 721 m;龙羊峡水库库水位达 2 600 m,按照入库流量下泄,控制库水位不超过 2 600 m。

宁蒙河段冬灌引水结束后至封河期结束期间,龙羊峡水库根据刘家峡水库的出库流量及电网发电要求控制下泄流量,总体控制龙羊峡水库与刘家峡水库在内蒙古河段冬灌引水结束后至封河期结束期间的下泄水量基本相同。

2)开河期

a. 刘家峡水库

刘家峡水库在考虑日变幅要求的情况下,进一步减小下泄流量,最小控制出库流量为 300 m³/s 左右。

b. 龙羊峡水库

若龙羊峡、刘家峡两库死水位以上合计蓄水量小于 50 亿 m³ 或刘家峡水库死水位以上蓄水量超过 15 亿 m³,龙羊峡水库按照维持前期流量下泄;否则视刘家峡水库蓄水量及龙刘区间来水量,加大流量下泄;当刘家峡水库库水位达到 1 733 m 时,龙羊峡水库按刘家峡水库出库流量下泄,并控制刘家峡水库最高蓄水位不超过 1 735 m。

2. 基于方式二的防凌调度方案

刘家峡水库调度运用方案与方式一相同。

龙羊峡水库在封河期末和开河期调度运用方案略有调整如下 。

1)11 月 1 日至封河期结束

11 月 1 日至宁蒙河段冬灌引水结束期间,龙羊峡水库防凌调度方案与方式一相同。

宁蒙河段冬灌引水结束后至封河期结束期间,龙羊峡水库根据刘家峡水库的出库流量及电网发电要求控制下泄流量,总体控制龙羊峡、刘家峡水库在蒙河段冬灌引水结束后至封河期结束期间的下泄水量基本相同;预报刘家峡库水位将达到 1 730 m 时,龙羊峡水库视龙刘区间来水情况减小下泄流量,控制刘家峡水库的蓄水位不超过 1 730 m。

2)开河期

若龙羊峡、刘家峡两库死水位以上合计蓄水量小于 50 亿 m³ 或刘家峡水库死水位以上蓄水量超过 15 亿 m³,龙羊峡水库按照维持前期流量下泄;否则视刘家峡水库蓄水量及龙刘区间来水量,加大流量下泄,并控制刘家峡水库最高蓄水位不超过 1 735 m。

5.4.2.2　情景一防凌调度计算分析

1. 凌情典型年选定

根据情景一的凌情年度特征,分析 1987 ~ 2010 年的凌情特点,选定典型年份按照制订的防凌调度方案进行防凌调度计算。经分析,除 1996 ~ 1997 年凌汛年度因李家峡水库蓄水导致龙刘区间来水减少不可采用外,其他年份均符合情景一的基本凌情特征。

2. 防凌调度计算结果分析

按照拟订的防凌调度计算方案,对 1987 ~ 2010 年(除 1996 ~ 1997 年凌汛年度)的 22

个典型凌汛年度进行防凌调度计算。其中,采用的河道过流能力为 1 500 m³/s;龙羊峡、刘家峡水库的起调水位为近期水库调度的平均值,分别为 2 576.5 m 及 1 724.8 m。防凌调度计算成果见表 5-21。

表 5-21　情景一典型凌汛年度防凌调度计算成果平均值

统计项目			11 月 1 日至刘家峡水库最低水位	刘家峡水库最低水位至封河期结束	封河期结束至刘家峡水库最高水位	11 月 1 日至翌年 3 月 31 日
方式一	阶段长度	天数(d)	14	100	20	151
	龙羊峡	入库水量(亿 m³)	6.53	18.24	3.11	31.33
		出库水量(亿 m³)	7.46	40.07	8.86	65.25
		末水位(m)	2 576.20	2 568.90	2 566.87	2 564.92
		蓄变量(亿 m³)	−0.93	−21.82	−5.75	−33.92
	龙刘区间	水量(亿 m³)	1.78	6.64	1.39	10.91
	刘家峡	入库水量(亿 m³)	9.24	46.90	10.10	76.21
		出库水量(亿 m³)	12.06	40.32	5.96	70.16
		末水位(m)	1 722.11	1 727.93	1 731.21	1 729.75
		蓄变量(亿 m³)	−2.81	6.57	4.14	6.05
方式二	阶段长度	天数(d)	14	100	21	151
	龙羊峡	入库水量(亿 m³)	6.53	18.24	3.20	31.33
		出库水量(亿 m³)	7.46	39.80	9.25	65.22
		末水位(m)	2 576.20	2 568.99	2 566.86	2 564.93
		蓄变量(亿 m³)	−0.93	−21.55	−6.05	−33.90
	龙刘区间	水量(亿 m³)	1.78	6.64	1.39	10.91
	刘家峡	入库水量(亿 m³)	9.24	46.63	10.48	76.19
		出库水量(亿 m³)	12.06	40.32	6.11	70.16
		末水位(m)	1 722.11	1 727.73	1 731.19	1 729.73
		蓄变量(亿 m³)	−2.81	6.31	4.37	6.03

由表 5-21 可以看出,情景一凌汛期龙羊峡水库入库水量约 31 亿 m³,出库水量约 65 亿 m³,水库平均补水约 34 亿 m³,龙刘区间平均来水 10.91 亿 m³,刘家峡水库平均出库水量约 70 亿 m³。封河前,刘家峡水库的最低水位由 1 724.8 m 平均降至 1 722.11 m。11 月 1 日至刘家峡水库最低水位期间,龙羊峡水库平均减少库内蓄水 0.93 亿 m³,刘家峡水库减少库内蓄水 2.81 亿 m³。流凌封河直至河道全部贯通,龙羊峡水库补水约 27.6 亿 m³,刘家峡水库蓄水约 10.7 亿 m³。

方式一在封河前可以将刘家峡水库的最低水位降至平均 1 722.11 m,封开河期蓄水位最高至平均 1 731.21 m,防凌调度利用的库容为 5.9 亿 ~ 14.3 亿 m³;方式二在封河前可以将刘家峡水库的最低水位降至平均 1 722.11 m,封开河期蓄水位最高至平均 1 731.19 m,防凌调度利用的库容为 5.9 亿 ~ 14.7 亿 m³。对比两个运用方式,对于系列典型年的调度结果差别不大,相对而言方式二利用的库容更加合理。

5.4.2.3　情景三防凌调度计算分析

1.凌情典型年选定

根据情景三的凌情年度特征,选择 1989 年之前凌汛期内宁蒙河段气温低、来水较丰、降温早、开河晚、封河时间长的 7 个典型凌汛年度进行防凌调度计算。各典型年的来水量及气温条件等概况见表 5-22。从表 5-22 中可以看出,1975 ~ 1976 年、1967 ~ 1968 年和 1961 ~ 1962 年刘家峡水库以上来水最多,都在 70 亿 m³ 左右;1975 ~ 1976 年度龙羊峡水库以上来水最大,为 53.4 亿 m³;1961 ~ 1962 年和 1967 ~ 1968 年度龙刘区间来水最多,约 24 亿 m³;1975 ~ 1976 年凌汛年度的封河至主流贯通时间最长,为 132 d。

表 5-22　对防凌不利的典型凌汛年度概况

凌汛年度	水库上游天然来水(亿 m³)			累积负气温(℃)	气温类型	封河日期	主流贯通日期	封河至主流贯通天数(d)
	唐乃亥	龙刘区间	刘家峡					
1955 ~ 1956	44.3	18.9	63.24	-1 073	严寒型	12 月 9 日	3 月 29 日	111
1961 ~ 1962	43.1	24.1	67.17	-1 003	严寒型	12 月 14 日	3 月 30 日	106
1964 ~ 1965	39.2	21.7	60.9	-853	偏寒型	12 月 5 日	3 月 25 日	110
1967 ~ 1968	46.7	23.2	69.9	-1 673	严寒型	12 月 1 日	4 月 2 日	123
1968 ~ 1969	37.4	21.8	59.1	-1 048	严寒型	12 月 12 日	3 月 26 日	104
1975 ~ 1976	53.4	17.2	70.6	-941	偏寒型	11 月 24 日	4 月 4 日	132
1983 ~ 1984	51.8	10.0	61.8	-1 108	严寒型	12 月 5 日	3 月 31 日	117
平均	45.1	19.6	64.7	-1 100				115

2.防凌调度计算结果分析

按照制订的防凌调度计算方案,对 7 个典型年进行防凌调度计算。其中,采用的河道过流能力为 1 500 m³/s;龙羊峡、刘家峡水库的起调水位分别为 2 597.5 m 及 1 721.0 m。防凌调度计算成果见表 5-23。

由表 5-23 可以看出,情景三凌汛期龙羊峡水库入库水量平均 45.11 亿 m³,出库水量约 57 亿 m³,水库平均补水约 11 亿 m³;龙刘区间平均来水约 20 亿 m³,刘家峡水库平均出库水量约 62 亿 m³。封河前 11 月 1 日至刘家峡水库最低水位期间,龙羊峡水库平均蓄水 7.53 亿 m³,期末龙羊峡水库水位基本达到 2 600 m;刘家峡水库的最低水位由 1 721 m 平均降至 1 718.23 m,刘家峡水库减少库内蓄水 2.81 亿 m³。流凌封河直至河道全部贯通,龙羊峡水库补水约 16 亿 m³,刘家峡水库蓄水约 17 亿 m³。

表 5-23　情景三典型凌汛年度龙羊峡、刘家峡水库防凌调度计算成果平均值

		统计项目	11月1日至刘家峡水库最低水位	刘家峡水库最低水位至封河期结束	封河期结束至刘家峡水库最高水位	11月1日至翌年3月31日
方式一	阶段长度	天数(d)	13	110	18	152
	龙羊峡	入库水量(亿 m³)	10.08	28.63	3.93	45.11
		出库水量(亿 m³)	2.56	42.08	6.63	56.52
		末水位(m)	2 599.50	2 595.90	2 595.17	2 594.41
		蓄变量(亿 m³)	7.53	−13.46	−2.70	−11.42
	龙刘区间	水量(亿 m³)	3.62	13.23	1.75	19.55
	刘家峡	入库水量(亿 m³)	6.13	55.29	8.21	75.83
		出库水量(亿 m³)	8.73	41.14	5.14	61.97
		末水位(m)	1 718.23	1 730.98	1 733.37	1 732.78
		蓄变量(亿 m³)	−2.60	14.15	3.07	13.86
方式二	阶段长度	天数(d)	13	110	18	152
	龙羊峡	入库水量(亿 m³)	10.08	28.63	3.86	45.11
		出库水量(亿 m³)	2.56	40.16	7.91	55.95
		末水位(m)	2 599.50	2 596.42	2 595.33	2 594.57
		蓄变量(亿 m³)	7.53	−11.54	−4.05	−10.84
	龙刘区间	水量(亿 m³)	3.62	13.23	1.74	19.55
	刘家峡	入库水量(亿 m³)	6.13	53.39	9.50	75.26
		出库水量(亿 m³)	8.73	41.14	5.10	61.97
		末水位(m)	1 718.23	1 729.52	1 732.92	1 732.33
		蓄变量(亿 m³)	−2.60	12.25	4.40	13.29

与情景一相比,凌汛期情景三龙羊峡水库入库水量增大约 14 亿 m³,龙刘区间入流量增大 8.6 亿 m³,刘家峡水库出库水量减小约 8.2 亿 m³,龙羊峡水库补水量减少约 23 亿 m³。凌汛初期的 11 月 1 日至刘家峡水库最低水位阶段,由于来水较大,龙羊峡水库表现为蓄水,因此为了控制凌汛期龙羊峡水库水位不超过 2 600 m,应控制 11 月 1 日龙羊峡水库水位不超过 2 597.5 m。

1975~1976 年龙羊峡水库以上来水大,封河天数最长,凌汛期龙羊峡水库只能补水 3.7 亿~4.6 亿 m³;1967~1968 年,龙刘区间来水多,封河天数长,凌汛期龙羊峡水库只能补水 5.6 亿~7.4 亿 m³(见表 5-24)。情景三丰水严寒年份,龙羊峡水库凌汛期始末的库水位变化较小。

表 5-24 情景三典型年份龙羊峡、刘家峡水库防凌调度计算成果(方式二)

典型年	统计项目		11月1日至刘家峡水库最低水位	刘家峡水库最低水位至封河期结束	封河期结束至刘家峡水库最高水位	11月1日至翌年3月31日
1961~1962	阶段长度	天数(d)	13	109	20	151
	龙羊峡	入库水量(亿 m³)	10.96	26.96	3.50	43.06
		出库水量(亿 m³)	1.53	38.57	8.92	53.69
		末水位(m)	2 600.00	2 596.92	2 595.46	2 594.64
		蓄变量(亿 m³)	9.43	-11.61	-5.42	-10.63
	龙刘区间	水量(亿 m³)	4.95	15.81	2.52	24.11
	刘家峡	入库水量(亿 m³)	6.32	54.47	11.24	77.52
		出库水量(亿 m³)	8.81	41.75	6.00	62.79
		末水位(m)	1 718.33	1 729.98	1 734.01	1 733.45
		蓄变量(亿 m³)	-2.50	12.72	5.23	14.73
1967~1968	阶段长度	天数(d)	13	116	16	152
	龙羊峡	入库水量(亿 m³)	10.08	30.32	4.13	46.69
		出库水量(亿 m³)	2.22	39.34	7.11	52.30
		末水位(m)	2 599.59	2 597.19	2 596.39	2 595.99
		蓄变量(亿 m³)	7.86	-9.02	-2.98	-5.61
	龙刘区间	水量(亿 m³)	4.00	16.37	2.06	23.16
	刘家峡	入库水量(亿 m³)	6.18	55.70	8.95	75.19
		出库水量(亿 m³)	8.81	42.85	4.58	61.04
		末水位(m)	1 718.19	1 729.97	1 733.34	1 733.01
		蓄变量(亿 m³)	-2.64	12.84	4.38	14.15
1975~1976	阶段长度	天数(d)	12	106	27	152
	龙羊峡	入库水量(亿 m³)	11.23	32.98	6.84	53.37
		出库水量(亿 m³)	2.53	40.59	11.34	58.00
		末水位(m)	2 599.81	2 597.79	2 596.59	2 596.26
		蓄变量(亿 m³)	8.71	-7.61	-4.49	-4.63
	龙刘区间	水量(亿 m³)	3.21	11.18	2.22	17.19
	刘家峡	入库水量(亿 m³)	5.70	51.76	13.62	74.96
		出库水量(亿 m³)	8.22	39.02	7.08	58.60
		末水位(m)	1 718.31	1 729.98	1 735.00	1 734.70
		蓄变量(亿 m³)	-2.52	12.74	6.53	16.36

方式一在封河蓄水前可以将刘家峡水库的最低水位降至 1 718.18 m,封、开河期蓄水位最高至 1 735.00 m,防凌调度利用的库容最大为 19.24 亿 m³;方式一龙羊峡水库在凌汛期下泄水量约 11.4 亿 m³;方式二在封河蓄水前可以将刘家峡水库的最低水位降至 1 718.18 m,封、开河期蓄水位最高至 1 735.00 m,防凌调度利用的库容最大为 19.27 亿 m³;方式二龙羊峡水库在凌汛期下泄水量约 10.8 亿 m³。对比来看,方式一与方式二的防凌调度结果差别不大,相对而言方式二利用的库容更加合理。

由于各年来水和封冻期长度不同,凌汛不同阶段的调度结果不同,方式二丰水严寒年份的具体调节情况见表 5-24。可以看出:①对于 1961 ~ 1962 年,在封河蓄水前,龙刘区间来水较多(约 5 亿 m³),导致封河蓄水前刘家峡水库蓄水位略高(1 718.33 m),未能降至死水位 1 717 m 左右;后开河前,龙刘区间来水为约 16 亿 m³,导致刘家峡水库蓄水位较高,即使在封河期控制了刘家峡水库的最高蓄水位不超 1 730.0 m,在整个凌汛期的最高蓄水位仍达到 1 734.01 m。②1967 ~ 1968 年,龙刘区间在整个凌汛期来水较多(约 23 亿 m³),在封河蓄水前,刘家峡水库降至最低水位为 1 718.19 m;后封河期较长(104 d),在封开河期蓄水防凌,致使凌汛期最高水位为 1 733.34 m。③1975 ~ 1976 年,封河较早,宁蒙河段冬灌引水尚未结束,使得刘家峡水库在宁蒙河段冬灌引水结束后至封河期结束期间下泄水量仅为 39.02 亿 m³,远小于各典型年最大下泄水量(42.85 亿 m³);而龙羊峡水库为减小刘家峡水库防凌压力,与刘家峡水库配合下泄,虽在封河期控制了刘家峡水库的最高蓄水位不超 1 730.00 m,但后期因龙羊峡水库下泄前期少泄水量,由此最终导致整个凌汛期最高蓄水位达到 1 735.00 m。

龙羊峡水库正常蓄水位为 2 600 m,即在 11 月 1 日的防凌调度初始水位可取最高水位应为 2 600 m。在此条件下,可保证龙羊峡水库在凌汛期承担发电为主的开发任务。但在具体防凌调度过程中,若取 2 600 m 为龙羊峡水库凌汛期防凌调度的初始水位,为配合刘家峡水库防凌调度的需求,则会出现龙羊峡水库蓄水库容不足的情况。经试算,取龙羊峡水库水位为 2 597.5 m 时,龙羊峡水库预留的库容刚好满足调度要求。这意味着,需要牺牲龙羊峡水库的一部分兴利库容来承担宁蒙河段防凌调度任务。对龙羊峡水库防凌调度结果进一步分析发现,为了保证刘家峡水库控泄流量能满足宁蒙河段防凌要求,在刘家峡水库有限的防凌库容条件下,龙羊峡水库在 11 月上中旬需要严格控制下泄流量,甚至出现最小下泄流量不足 300 m³/s 的结果。这说明,在来水较丰的情况下,需要的防凌库容较大,刘家峡水库本身的防凌库容不足,需要龙羊峡水库在降低水位的同时进一步压减下泄流量,配合刘家峡水库的控泄调度,以满足宁蒙河段防凌调度需求。

5.4.2.4 不同情景综合分析

从防凌调度计算的结果来看,对于情景三,在制订的防凌调度方案条件下,需要的防凌库容较情景一更多,与其凌情较为严重有关。同时,对于方式一及方式二两种防凌运用方式对比来看,方式二对于刘家峡水库 1 717 ~ 1 735 m 的约 20.34 亿 m³ 的库容利用得更加合理,不同阶段间库容分配的衔接较好。因此,推荐拟订的防凌运用方式二进行防凌调度运用。

5.4.3　龙羊峡、刘家峡水库联合防凌调度方式

5.4.3.1　情景一（近期气温，宁蒙河段主槽平滩流量约 1 500 m³/s）

1. 刘家峡水库

（1）11 月 1 日，刘家峡水库一般控制蓄水 4 亿~8 亿 m³，相应库水位为 1 721~1 725 m，满足宁蒙河段冬灌引水需求，同时预留 16 亿~12 亿 m³ 的防凌库容。

（2）流凌期（11 月上中旬），刘家峡水库首先根据宁蒙河段引用水需求控制下泄流量为 800~1 200 m³/s，然后根据宁蒙河段引水和流凌情况逐步减小下泄流量，以利于塑造宁蒙河段较适宜的封河流量。期间刘家峡水库下泄库内蓄水约 4 亿 m³，引水期末刘家峡水库控制蓄水 0~4 亿 m³，相应库水位为 1 717~1 721 m，为封、开河期预留 20 亿~16 亿 m³ 的防凌库容。

（3）封河期，刘家峡水库控制出库流量，蓄水防凌运用，满足宁蒙河段防凌要求。首先刘家峡水库按照宁蒙河段适宜封河流量要求的首封流量，控制出库流量为 450~600 m³/s，封河发展阶段保持流量平稳并缓慢减小；河道全部封冻，进入稳定封冻期，控制出库流量为 400~500 m³/s；封河期末控制水库蓄水不超过 14 亿 m³，库水位不超过 1 730 m，为开河期预留约 6 亿 m³ 的防凌库容。

（4）开河关键期，刘家峡水库进一步减小下泄流量，减小宁蒙河段开河期凌洪水量。刘家峡水库控制下泄流量在 300 m³/s 左右，以促使内蒙古河段平稳开河。开河期控制刘家峡水库最高蓄水位不超过 1 735 m。

（5）宁蒙河段主流贯通后，根据水库蓄水情况、供用水及引水要求，一般按 600~1 000 m³/s 加大下泄流量；若遇枯水年份，可以不加大下泄流量。

2. 龙羊峡水库

凌汛期龙羊峡水库下泄库内蓄水，其调度方式对刘家峡水库运用水位和下泄流量影响较大，在龙羊峡、刘家峡两库联合防凌调度中起着水量控制作用。凌汛期龙羊峡水库主要根据刘家峡水库的下泄流量和库内蓄水、上游来水和水库自身蓄水、电网发电情况等，与刘家峡水库联合运用进行发电补偿调节，并控制凌汛期龙羊峡水库水位不超过正常蓄水位 2 600 m。

（1）11 月 1 日，若上游来水较丰，一般应控制龙羊峡水库蓄水位不超过 2 597.5 m。

（2）流凌期，刘家峡水库加大泄流时，龙羊峡水库视上游和龙刘区间来水、刘家峡水库蓄水等按照控制平稳下泄或减小下泄流量运用，控制下泄水量；若龙羊峡水库蓄水位达到 2 600 m，按照进出库平衡运用，使刘家峡水库期末水位尽量降至 1 717~1 721 m，预留足够防凌库容。

（3）封河期，龙羊峡水库主要根据刘家峡水库下泄流量和蓄水量、电网发电需求控制出库流量，并控制封河期出库水量与刘家峡水库出库水量基本相当，若龙羊峡水库蓄水位达到 2 600 m，按照进出库平衡运用。当刘家峡水库水位达到 1 730 m 时，龙羊峡水库视龙刘区间来水减小下泄流量，控制刘家峡水库水位不超过 1 730 m。

（4）开河关键期，龙羊峡水库视刘家峡水库蓄水、龙刘区间来水，按照维持前期流量或加大流量下泄的方式运用，并控制刘家峡水库最高蓄水位不超过 1 735 m。

（5）宁蒙河段主流贯通后，视龙羊峡、刘家峡水库蓄水情况和电网发电需求，龙羊峡水库按照加大泄量或保持一定流量控制运用。

5.4.3.2　情景二（近期气温，宁蒙河段主槽平滩流量约 2 000 m³/s）

刘家峡水库封、开河期控制的出库流量加大、龙羊峡出库水量增加，但龙羊峡、刘家峡水库联合防凌运用方式，刘家峡水库的防凌库容和防凌控制水位指标仍与宁蒙河段主槽平滩流量 1 500 m³/s 时的相同。

封河期，刘家峡首先控制出库流量为 500 ~ 650 m³/s，封河发展阶段保持流量平稳并缓慢减小；河道全部封冻，进入稳定封冻期，控制出库流量为 450 ~ 600 m³/s。开河关键期，刘家峡水库控制下泄流量在 320 m³/s 左右。

5.4.3.3　情景三（丰水严寒，宁蒙河段主槽平滩流量约 1 500 m³/s）

丰水严寒时，宁蒙河段封河早、封冻期长、冰盖厚、开河晚，刘家峡水库凌汛期控制流量比一般情况有所减小；上游来水较丰，所需防凌库容大，进入凌汛期应尽量降低刘家峡水库的蓄水位，留出足够的防凌库容；流凌封河时应特别注意宁蒙河段引退水对凌情的影响，尽量避免过大、过小流量封河；封河期，控制刘家峡水库，特别是龙羊峡水库下泄水量，尽可能减小河道槽蓄水增量；开河期进一步压减下泄流量，留出足够防凌库容，尽量避免"武开河"。

1. 刘家峡水库

（1）11 月 1 日，刘家峡水库一般控制蓄水量 4 亿 m³，相应库水位为 1 721 m，满足宁蒙河段冬灌引水需求，同时预留约 16 亿 m³ 的防凌库容。

（2）流凌期（11 月上中旬），刘家峡水库首先根据宁蒙河段引用水需求控制下泄流量为 800 ~ 1 000 m³/s，然后根据宁蒙河段引水和流凌情况逐步减小下泄流量，以利于塑造宁蒙河段较适宜的封河流量。期间刘家峡水库下泄库内蓄水约 4 亿 m³，引水期末尽量控制刘家峡水库水位降低到 1 717 m，为封、开河期预留约 20 亿 m³ 的防凌库容。

（3）封河期，首先刘家峡水库按照宁蒙河段适宜封河流量要求的首封流量，控制出库流量为 450 ~ 600 m³/s，封河发展阶段保持流量平稳并缓慢减小；河道全部封冻，进入稳定封冻期，控制出库流量为 400 ~ 450 m³/s；封河期末控制水库蓄水不超过 14 亿 m³，库水位不超过 1 730 m，为开河期预留约 6 亿 m³ 的防凌库容。

（4）开河关键期与宁蒙河段主流贯通后的调度方式与一般情况相同。

丰水严寒情况下，刘家峡水库凌汛期末的蓄水位较高。

2. 龙羊峡水库

11 月 1 日，控制龙羊峡水库蓄水位不超过 2 597.5 m；流凌期、封河期、开河关键期和宁蒙河段主流贯通后的调度方式与一般情况相同。由于丰水严寒，龙羊峡水库入库流量加大，出库水量较小，水库凌汛期始末水位变化较一般情况减小较多。

5.4.3.4　河道过流能力变化较大时防凌调度需注意的问题

若河道淤积加重，宁蒙河段平滩流量降至 1 000 m³/s 左右时，应考虑进一步减小封河期刘家峡水库控泄流量。若河道过流能力增大较多，宁蒙河段平滩流量达到 3 000 m³/s 以上时，应考虑进一步加大封河期刘家峡水库控泄流量。

5.5 龙羊峡水库不同运用方式下刘家峡水库防凌库容分析

5.5.1 龙羊峡水库按设计方式不参与防凌调度时所需刘家峡水库防凌库容分析

5.5.1.1 防凌控泄流量方案拟订

龙羊峡、刘家峡水库为综合利用水库,凌汛期除防凌任务外,还有灌溉、供水、发电等综合利用任务。从防凌的角度讲,适宜的防凌控泄流量一般情况下要尽可能地小,而灌溉、供水、发电等综合利用要求需要较大下泄流量,兴利运用。凌汛期龙羊峡、刘家峡水库的运用,需要在满足防凌要求的前提下兼顾灌溉、供水、发电等综合利用要求。根据宁蒙河段不同过流能力(情景一、情景二)防凌安全要求的刘家峡水库下泄流量、宁蒙河段用水需求、刘家峡水库防凌调度经验,结合近年防凌预案及宁蒙河段凌汛形势,拟订情景一和情景二丰、平、枯水年份的防凌控泄流量方案,见表5-25。方案一是枯水年的小流量方案,方案二是平水年的中流量方案,方案三是丰水年的大流量方案。可以看出,同一情景下平水年和丰水年(方案二、三)12月至翌年2月的下泄水量差别不大,但封河前、开河后丰水年下泄水量大,枯水年(方案一)由于水量不足,刘家峡水库下泄流量较小。情景二由于河道过流能力提高,12月至翌年2月的下泄流量比情景一明显提高,平水年、丰水年的下泄水量比情景一大3.2亿～3.4亿 m³;封河前、开河后两个情景相差不大。枯水年水库蓄水和上游来水较小,情景二的流量与情景一相差不大。

表5-25 刘家峡水库凌汛期不同情景各方案控泄流量

情景	方案	项目	各月流量(m³/s)					不同时期水量(亿 m³)	
			11 月	12 月	1 月	2 月	3 月	11月至翌年3月	12月至翌年2月
一	方案一	上旬	800	450	400	300	300	55.5	30.0
		中旬	550	450	400	300	300		
		下旬	450	450	400	300	500		
		月平均	600	450	400	300	371		
	方案二	上旬	1 000	490	450	450	300	65.6	34.9
		中旬	700	490	450	400	400		
		下旬	490	490	450	350	600		
		月平均	730	490	450	404	439		
	方案三	上旬	1 200	500	460	460	300	73.6	36.0
		中旬	850	500	460	450	400		
		下旬	500	500	460	350	1 000		
		月平均	850	500	460	425	581		

续表 5-25

情景	方案	项目	各月流量(m³/s)					不同时期水量(亿 m³)	
			11 月	12 月	1 月	2 月	3 月	11 月至翌年 3 月	12 月至翌年 2 月
二	方案一	上旬	800	500	450	350	300	57.7	31.8
		中旬	550	450	450	300	300		
		下旬	500	450	400	300	500		
		月平均	617	466	432	318	371		
	方案二	上旬	1 000	540	500	500	320	69.6	38.3
		中旬	700	540	500	420	400		
		下旬	540	540	500	350	600		
		月平均	747	540	500	428	445		
	方案三	上旬	1 200	550	510	510	320	77.4	39.2
		中旬	850	550	510	450	400		
		下旬	550	550	510	350	1 000		
		月平均	867	550	510	442	587		

5.5.1.2 刘家峡水库理想防凌库容影响分析

在进行理想防凌库容分析时,考虑宁蒙河段防凌任务全部由刘家峡水库承担,刘家峡水库按照凌汛期防凌控泄流量下泄,龙羊峡水库按照设计任务主要进行发电和供水运用,计算得到的刘家峡水库防凌库容为理想库容。

采用 1956 年 7 月至 2000 年 6 月径流系列;河段用水同水资源综合规划成果,用水按照耗水考虑;河口镇断面最小流量按 250 m³/s 控制;进行黄河上游梯级水电站联合补偿调节计算。根据不同情景防凌控泄流量方案二计算的不同保证率刘家峡水库理想防凌库容见表 5-26。从表 5-26 可以看出,按照不同的情景,所需要的最大防凌库容分别为 42.5 亿 m³ 和 39.5 亿 m³。本次计算的刘家峡水库理想防凌库容成果与《黄河黑山峡河段开发论证报告》提出的黑山峡防凌库容计算成果基本协调一致。

表 5-26 不同情景下宁蒙河段防凌所需理想防凌库容(方案二) (单位:亿 m³)

情景	保证率				
	25%	50%	75%	90%	最大
一	25.7	28.1	30.9	32.7	42.5
二	21.1	22.7	27.1	28.7	39.5

注:保证率 75% 指该库容能满足 75% 年数防凌的需要。

不同情景防凌控泄流量方案二计算的龙羊峡、刘家峡水库凌汛期出库水量见表 5-27。

表 5-27　龙羊峡水库按设计运用不同情景方案二龙羊峡、刘家峡水库凌汛期下泄流量、水量

情景	水库	各月流量（m³/s）					凌汛期水量（亿 m³）	
		11 月	12 月	1 月	2 月	3 月	11 月至翌年 3 月	12 月至翌年 2 月
一	龙羊峡	585	617	638	659	642	82.6	50.3
	刘家峡	776	520	461	401	433	68.1	36.3
二	龙羊峡	581	605	623	650	642	81.5	49.3
	刘家峡	787	557	506	428	445	71.5	39.2

注：本表为计算防凌库容时的龙羊峡、刘家峡水库下泄流量。

现状情况下，刘家峡水库 1 717 m（近期死水位）～1 735 m（正常蓄水位）之间的调节库容仅有约 20 亿 m³，对应不同情景计算的理想防凌库容结果看，刘家峡水库的防凌保证率均达不到 50%。因此，现状工程条件下，凌汛期龙羊峡水库必须根据宁蒙河段的防凌要求，减小下泄流量，使龙羊峡、刘家峡水库联合运用后，刘家峡水库的防凌库容、下泄流量均满足宁蒙河段防凌要求。龙羊峡水库下泄水量对刘家峡水库防凌库容影响很大，龙羊峡、刘家峡水库下泄流量变化还直接影响上游水电站的发电。

5.5.2　现状条件下不同情景方案龙羊峡水库出库和梯级发电分析

5.5.2.1　龙羊峡水库泄量分析

1. 不同情景的比较

不同情景方案二龙羊峡水库和刘家峡水库凌汛期下泄流量、水量见表 5-28。由表 5-28 可以看出，由于情景二的宁蒙河段过流能力大于情景一，相应刘家峡水库下泄水量较大，因此情景二龙羊峡水库的下泄水量各月均大于情景一，11 月至翌年 3 月刘家峡水库多泄水量约 3.3 亿 m³，龙羊峡水库多泄水量约 1.3 亿 m³；12 月至翌年 2 月为主要封河期，同情景下龙羊峡水库的下泄水量与刘家峡水库基本相同，情景二龙羊峡水库的下泄水量略大于情景一。

表 5-28　现状条件不同情景方案二龙羊峡、刘家峡水库凌汛期下泄流量、水量

情景	水库	各月流量（m³/s）					凌汛期水量（亿 m³）	
		11 月	12 月	1 月	2 月	3 月	11 月至翌年 3 月	12 月至翌年 2 月
一	龙羊峡	495	460	470	486	471	62.6	37.2
	刘家峡	733	520	463	414	448	67.8	36.7
二	龙羊峡	498	470	476	499	488	63.9	38.0
	刘家峡	749	557	506	434	457	71.1	39.4

2. 不同方案的比较

根据情景一中拟订的三个刘家峡水库防凌控泄方案,进行龙羊峡水库和刘家峡水库联合调节,在刘家峡水库无法满足防凌要求时,通过减小龙羊峡水库的下泄水量,尽量满足宁蒙河段的防凌要求。龙羊峡、刘家峡水库不同方案凌汛期下泄流量、水量见表 5-29。从表 5-29 中可以看出,多年平均情况下,11 月至翌年 3 月方案一、方案二和方案三龙羊峡水库凌汛期下泄水量分别为 54.0 亿 m^3、62.6 亿 m^3 和 69.4 亿 m^3;刘家峡水库下泄水量分别为 59.6 亿 m^3、67.8 亿 m^3 和 75.0 亿 m^3,龙羊峡水库下泄水量小于刘家峡水库。

表 5-29　现状条件情景一不同方案龙羊峡、刘家峡水库凌汛期下泄流量、水量

水库	方案	各月流量(m^3/s)					凌汛期水量(亿 m^3)	
		11 月	12 月	1 月	2 月	3 月	11 月至翌年 3 月	12 月至翌年 2 月
龙羊峡	方案一	439	393	400	421	403	54.0	31.4
	方案二	495	460	470	486	471	62.6	37.2
	方案三	554	516	531	543	496	69.4	41.2
刘家峡	方案一	622	495	425	342	385	59.6	32.9
	方案二	733	520	463	414	448	67.8	36.7
	方案三	850	527	471	436	570	75.0	37.3

从龙羊峡水库的下泄流量过程可以看出,各方案凌汛期龙羊峡水库一般在 11 月和 2 月下泄流量比较大,12 月和 3 月比较小,但三个方案凌汛期各月总的流量差别均不大,最大流量与最小流量的差别在 10% 左右,即龙羊峡水库凌汛期的下泄流量总体比较稳定。11 月,龙羊峡水库下泄水量比较大,这主要是因为刘家峡水库需要满足宁蒙河段冬灌要求,刘家峡水库水量不足时,龙羊峡水库增泄水补充灌溉用水量;2 月,刘家峡水库大部分时间按照开河关键期控泄流量 300 m^3/s 左右运用,流量减小较多,使发电量减小较大,龙羊峡水库进行发电补偿调节,相应增大流量、增加梯级发电量;3 月,由于刘家峡水库在 3 月中下旬开河后增加泄量,因此龙羊峡水库相应略减少了下泄水量,为 4～6 月灌溉用水高峰期预留水量。

刘家峡水库基本可以按照设定的防凌控泄流量下泄,只是在某些年份为满足供水需求等下泄流量稍大。

5.5.2.2　现状条件不同方案上游发电分析

1. 不同情景比较

不同情景主要比较方案二的情况,由于河道过流能力提高,情景二 12 月至翌年 2 月刘家峡水库的下泄水量比情景一大 2.7 亿 m^3;封河前、开河后两个情景相差不大。不同情景下上游河段梯级电站凌汛期发电量及出力见表 5-30。从表中可以看出,由于情景二下泄水量较大,其发电量和出力均大于情景一,情景二发电量比情景一增加 3.3 亿 kW·h,出力增加 9 万 kW。

表5-30　现状条件不同情景方案二凌汛期发电出力及电量

情景	月份	河段					
		龙羊峡—刘家峡		刘家峡—头道拐		头道拐以上	
		出力（万 kW）	发电量（亿 kW·h）	出力（万 kW）	发电量（亿 kW·h）	出力（万 kW）	发电量（亿 kW·h）
情景一	11月至翌年3月	313	113.4	113	40.9	426	154.3
	12月至翌年2月	311	67.2	101	21.8	412	89.0
情景二	11月至翌年3月	317	115.0	118	42.6	435	157.6
	12月至翌年2月	316	68.2	107	23.2	423	91.4

2.情景一不同方案比较

由于情景一各方案刘家峡水库控泄流量不同，并影响龙羊峡水库的下泄流量，使得上游梯级水电站的发电出力和发电量不同，见表5-31。由表可见，方案一、方案二和方案三上游梯级水电站凌汛期的发电平均出力分别为368万 kW、426万 kW 和469万 kW，方案间的出力差值分别为58万 kW 和43万 kW；凌汛期发电量分别为133.3亿 kW·h、154.3亿 kW·h 和170.0亿 kW·h，方案间的电量差值分别为21.0亿 kW·h 和15.7亿 kW·h。方案一和方案二之间凌汛期的防凌控泄水量差别约为10亿 m³，方案二和方案三之间凌汛期的防凌控泄水量差别约为8亿 m³。随着刘家峡水库在凌汛期控泄流量的加大，电站在凌汛期发电出力的差值有减小的趋势。

表5-31　现状条件不同方案情况下凌汛期发电出力及电量

方案	月份	河段					
		龙羊峡—刘家峡		刘家峡—头道拐		头道拐以上	
		出力（万 kW）	发电量（亿 kW·h）	出力（万 kW）	发电量（亿 kW·h）	出力（万 kW）	发电量（亿 kW·h）
方案一	11月至翌年3月	268	97.1	100	36.2	368	133.3
	12月至翌年2月	265	57.2	91	19.7	356	76.9
方案二	11月至翌年3月	313	113.4	113	40.9	426	154.3
	12月至翌年2月	311	67.2	101	21.8	412	89.0
方案三	11月至翌年3月	345	124.9	125	45.1	469	170.0
	12月至翌年2月	347	75.0	104	22.5	451	97.5

　　由于刘家峡水库库容无法满足理想防凌库容要求,因此龙羊峡水库需要承担一部分防凌库容,在凌汛期减少下泄流量,这对刘家峡水电站以上梯级水电站(不含刘家峡)的发电效益影响较大。根据分析,三个防凌控泄流量方案情况下,刘家峡水电站以上梯级水电站凌汛期的平均发电出力分别为 268 万 kW、313 万 kW 和 345 万 kW,方案间出力差值分别为 45 万 kW 和 32 万 kW;凌汛期发电量分别为 97.1 亿 kW·h、113.4 亿 kW·h 和 124.9 亿 kW·h,方案间的发电量差值分别为 16.3 亿 kW·h 和 11.5 亿 kW·h。

　　由于凌汛期防凌控泄流量不同,只影响水电站的年内下泄水量过程,对年总下泄水量无影响,因此各方案计算的上游梯级年发电量基本相同,约为 530 亿 kW·h。

5.5.3　龙羊峡水库不同运用方式的出库流量和梯级发电分析

　　根据龙羊峡水库不同运用情况下的下泄流量可知,在不考虑龙羊峡水库参与防凌情况下,假设刘家峡水库有足够的库容参与防凌,则龙羊峡水库在凌汛期的下泄水量为 82.6 亿 m³,刘家峡水库下泄水量为 68.1 亿 m³;按照现状运用方式,龙羊峡水库凌汛期下泄水量为 62.6 亿 m³,刘家峡水库下泄水量为 67.8 亿 m³,见表 5-32。两种不同运用方式相比,龙羊峡水库现状运用情况下凌汛期少泄水约 20 亿 m³,刘家峡水库凌汛期下泄水量基本无变化。

表 5-32　不同运用方式龙羊峡、刘家峡水库凌汛期下泄流量、水量(情景一方案二)

运用方式	水库	各月流量(m³/s)					凌汛期水量(亿 m³)	
		11 月	12 月	1 月	2 月	3 月	11 月至翌年 3 月	12 月至翌年 2 月
设计运用	龙羊峡	585	617	638	659	642	82.6	50.3
	刘家峡	776	520	461	401	433	68.1	36.3
现状运用	龙羊峡	495	460	470	486	471	62.6	37.2
	刘家峡	733	520	463	414	448	67.8	36.7

　　由于两种运用方式的不同,龙羊峡水库下泄水量不同,而刘家峡水库下泄水量变化不大,因此两种运用方式主要影响龙刘区间的电站出力和电量。根据径流调节计算成果,两种不同运用方式龙刘区间电站凌汛期出力和电量情况见表 5-33。由表可以看出,按照设计方式运用,龙刘区间电站凌汛期出力为 409 万 kW,发电量为 148.3 亿 kW·h;按照现状条件运用,龙刘区间电站凌汛期出力为 313 万 kW,发电量为 113.4 亿 kW·h。两种运用方式不同,影响凌汛期龙刘区间电站出力差值约 96 万 kW,发电量差值约 34.9 亿 kW·h。

表 5-33　不同运用方式龙刘区间梯级电站凌汛期电能指标(情景一方案二)

运用方式		设计运用		现状运用		差值	
		11 月至翌年 3 月	12 月至翌年 2 月	11 月至翌年 3 月	12 月至翌年 2 月	11 月至翌年 3 月	12 月至翌年 2 月
电能指标	出力(万 kW)	409	417	313	311	96	106
	发电量(亿 kW·h)	148.3	90.1	113.4	67.2	34.9	22.9

5.5.4　典型年计算的现状条件所需防凌库容分析

根据典型年防凌调度计算结果,对现状条件典型年防凌调度计算的防凌库容进行分析如下。

5.5.4.1　刘家峡水库防凌库容分析

根据典型年防凌调度计算结果,刘家峡水库防凌调度中所占用的防凌库容为 18 亿~20 亿 m³,用以控制下泄流量。具体到典型年份,以 1961~1962 年防凌调度计算结果为例:刘家峡水库在 11 月 1 日凌汛期开始时起调水位为 1 721.00 m;在流凌封河期将库容逐步腾空,最低水位下降至 1 718.33 m;其后,为控制水库下泄流量满足防凌需求,逐步拦蓄部分入库水量,在开河期达到最高水位 1 734.01 m,其蓄量变化过程见图 5-21。从图 5-21 可以看出,从最低水位至最高水位,刘家峡水库为防凌控泄占用的防凌库容约 17.95 亿 m³,其间入库水量约 66 亿 m³,出库水量约 48 亿 m³。

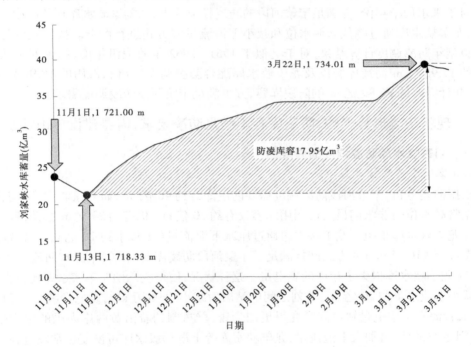

图 5-21　刘家峡水库 1961~1962 年凌汛期蓄量变化及防凌库容

5.5.4.2　龙刘区间来水量分析

根据典型年防凌调度计算结果,从刘家峡水库最低水位至最高水位的蓄水量变化过程中,其出库水量约 48 亿 m³ 为防凌控泄要求下泄水量,而入库水量 64 亿~66 亿 m³ 中,龙刘区间的来水量为 13 亿~19 亿 m³。具体到 1961~1962 年,从刘家峡水库最低水位至最高水位的蓄水量变化过程中,刘家峡水库的入库水量为 65.71 亿 m³,而龙刘区间的来水量仅为 18.33 亿 m³,即刘家峡水库主要的来水量由龙羊峡水库控制。因此对于刘家峡水库,在进行防凌库容分析时,应充分考虑龙羊峡水库的防凌作用。

5.5.4.3　龙羊峡水库防凌作用分析

根据典型年防凌调度计算结果,在来水偏丰年份,因入库水量较大,刘家峡水库的防凌库容不足以承担水量拦蓄的全部任务,因此需要龙羊峡水库发挥库容较大优势,配合刘家峡水库完成防凌调度控泄要求。根据防凌调度计算的过程分析,龙羊峡水库需要从两个方面进行配合:①降低凌汛期初始起调水位;②减小凌汛期前期下泄流量。仍以1961~1962年为例,龙羊峡水库在凌汛期初始水位从正常高水位2 600 m降为2 597.5 m起调,为配合刘家峡水库防凌调度预留了9.51亿 m³的库容。同时,在刘家峡水库腾空预留防凌库容期间,即11月1日至刘家峡水库最低库水位期间,龙羊峡水库进一步配合刘家峡水库防凌调度,减小下泄流量,较敞泄发电拦蓄了9.43亿 m³的水量。由此可以看出,龙羊峡水库在宁蒙河段防凌调度中发挥着很大的防凌调度作用,龙羊峡水库为配合刘家峡水库防凌调度,预留和占用了约18.94亿 m³的库容,牺牲了较多的发电量。

5.5.4.4　防凌库容需求综合分析

对于来水偏丰年份,为满足宁蒙河段的防凌控泄要求,在刘家峡水库预留防凌库容的同时,龙羊峡水库通过降低起调水位和减小下泄流量的方式进行配合。按照现状运用方式的典型年防凌调度计算结果,对于类似于1961~1962年的凌汛年度,综合刘家峡水库本身的17.95亿 m³防凌库容以及龙羊峡水库配合防凌调度预留和占用的18.94亿 m³的库容,共计需要约36.89亿 m³的防凌库容,方可满足宁蒙河段防凌调度需求。

5.5.5　现状防凌形势严峻、防凌库容不满足防凌要求,需要建设黑山峡水库

5.5.5.1　刘家峡水库防凌调度的局限性

1.刘家峡水库防凌库容不足

根据前述分析,宁蒙河段防凌调度需要防凌库容约40亿 m³,而刘家峡水库在其死水位至正常高水位的非汛期最大可利用库容仅有约20亿 m³,仍有约20亿 m³的防凌库容缺口需要龙羊峡水库承担。龙羊峡水库通过压减下泄流量(多蓄水约10亿 m³)、预留部分防凌库容(约10亿 m³)的方式间接满足了宁蒙河段防凌需要的约20亿 m³防凌库容的需求,同时龙羊峡水库损失了相应的发电量。这种状况,使得凌汛期龙羊峡水库比正常发电运用减小下泄水量约20亿 m³,龙刘区间电站出力减小约96万 kW,发电量减小约34.9亿 kW·h,青海省冬季电量缺口问题变得更加尖锐,严重制约着沿黄两岸人民的生产生活。同时,因冬季过后,可加大下泄流量,龙羊峡水库等上游梯级水库可恢复正常发电,满足电网发电需求,不同运用方式对梯级水库的全年发电量影响不大,因此依靠建设火电项目来解决冬季电量缺口的问题也不经济。

2.刘家峡水库距内蒙古河段较远

无论是从预报精度还是预见期来看,目前黄河凌情预报水平都难以满足刘家峡水库对内蒙古河段防凌调度响应的需求。因此,刘家峡水库的调度无法充分考虑凌情预报的预见期问题。在现状工程条件下,刘家峡水库距离内蒙古河段较远(出库站小川站至石嘴山站777.2 km,至头道拐站1 449.4 km),凌汛期出库流量演进至石嘴山、头道拐的时间分别为7 d、17 d,使得龙羊峡、刘家峡水库防凌调度不能准确响应宁蒙河段凌情变化。尤其在气温急剧波动影响凌情发展时,龙羊峡、刘家峡水库更加不能解决防凌应急调度问题

及减少突发凌汛险情。

同时,由于刘家峡水库距离内蒙古河段较远,其防凌调度不能适应区间流量变化,易造成流凌封河期冰塞壅水、槽蓄水增量大等潜在的致灾风险。刘家峡水库以下区间面积较大,天然来水情况的不确定性较大,且受到宁夏灌区在凌汛期初期的引退水影响,使得内蒙古河段流凌封河流量难以准确控制,尤其在遭遇严寒年份时,容易产生小流量封冻且又大流量壅水的情况,极易形成凌汛灾害。

5.5.5.2　建设黑山峡水库的防凌优势

1.黑山峡水库建成运用可解决龙羊峡水库甚至刘家峡水库防凌调度与发电的矛盾,缓解青海电量缺口问题

黑山峡水库具有约 40 亿 m^3 的调节库容,足够承担龙羊峡水库和刘家峡水库被迫承担的防凌任务,可基本满足宁蒙河段防凌库容需求,保证龙羊峡水库在凌汛期按照发电最优运行,承担发电为主的开发任务,恢复发电下泄流量,缓解青海冬季电量缺口问题。同时,可根据需要承担刘家峡水库部分甚至全部防凌任务,彻底恢复龙羊峡、刘家峡水库设计运用方式,解决龙羊峡、刘家峡水库防凌调度与发电的矛盾。

2.黑山峡水库建成运用可促进恢复内蒙古河段主槽过流能力

黑山峡水库具有 20 亿 m^3 的汛期调水调沙库容。通过黑山峡水库的拦沙减淤运用,可塑造有利于宁蒙河段输沙的水沙过程,恢复和维持宁蒙河段河道主槽的行洪能力,有利于凌汛期宁蒙河段的冰凌输送,减少河段壅水,减免凌灾发生的概率。

3.黑山峡水库建成运用可更为准确调控宁蒙河段流量过程,提高出库水温

由于黑山峡水库坝址距离宁蒙河段较近,可以根据宁蒙河段凌情的实时变化情况,较为灵活地控制水量下泄过程,并结合凌情预报成果更为准确调控宁蒙河段流量过程,减少冰塞、冰坝发生概率,为保障防凌安全创造条件。同时,由于出库水温提高,可以减少宁蒙河段的冬季封冻河段。

综上所述,黄河宁蒙河段防凌形势严峻,龙羊峡、刘家峡水库防凌调度局限性较大,需要尽快建设黑山峡水库。黑山峡水库坝址距离内蒙古河段较近,工程具有较大调节库容,可对黄河上游水量进行合理配置,增加汛期输沙水量、拦沙减淤,塑造有利于宁蒙河段输沙的水沙过程,恢复和维持河道主槽的行洪能力;可以根据宁蒙河段凌情的实时变化情况,较为灵活地控制水量下泄过程,减少发生冰塞、冰坝的概率,为保障防凌安全创造条件;可以协调水量调度、防凌调度与发电运用之间的矛盾,充分发挥上游梯级电站的发电效益。因此,需要尽快建设黑山峡水库,缓解上游严峻的防凌形势,解决防凌与发电的矛盾。

5.6　本章小结

(1)分析了龙羊峡、刘家峡水库防凌调度原则,对近期(1989～2010 年)龙羊峡、刘家峡水库防凌调度进行了总结。

分析了丰、平、枯等不同来水年份,流凌前、流凌封河期、封河期和开河期刘家峡水库的防凌控泄流量和龙羊峡、刘家峡水库蓄变量等,从多年平均情况看,刘家峡水库下泄流

量的控制时机、控制流量与宁蒙河段引退水、凌情特征时间相应关系较为一致,水库调度总体比较合理。龙羊峡水库主要根据刘家峡水库的下泄流量、蓄水和电网发电情况,与刘家峡水库联合运用进行发电补偿调节。总结提出了龙羊峡、刘家峡水库防凌调度经验。

(2)分析宁蒙河段不同气温、河道过流能力的三种可能情景,提出刘家峡水库的防凌控泄流量。

情景一(近期气温,宁蒙河段平滩流量 1 500 m³/s)、情景三(气温严寒,宁蒙河段平滩流量 1 500 m³/s),流凌封河期刘家峡水库控泄流量 450~600 m³/s,促使宁蒙河段形成适宜封河流量;稳封期控泄流量 400~500 m³/s。情景二(近期气温,宁蒙河段平滩流量 2 000 m³/s),流凌封河期控泄流量 500~650 m³/s;稳封期控泄流量 450~600 m³/s。各情景开河关键期刘家峡水库控泄流量在 300 m³/s 左右。

(3)研究了龙羊峡、刘家峡水库联合防凌调度方式。

①长系列调节计算了龙羊峡水库按照原设计、不参与防凌调度时刘家峡水库的防凌库容约为 40 亿 m³,说明现状条件下刘家峡水库防凌库容不足,凌汛期需要龙羊峡、刘家峡水库联合运用以满足宁蒙河段防凌库容需求。

②现状情况下,凌汛期龙羊峡水库通过减小下泄流量、预留防凌库容的方式与刘家峡水库联合防凌运用,龙羊峡水库比正常发电运用减小下泄水量约 20 亿 m³,龙刘区间电站出力减小约 96 万 kW,发电量减小约 34.9 亿 kW·h,使得青海省冬季电量缺口问题更加突出。

③宁蒙河段过流能力增大,会使凌汛期刘家峡水库下泄流量增加,相应龙羊峡水库下泄水量增加,上游梯级发电量增大。

④分析了封、开河期龙羊峡、刘家峡水库联合运用方式,龙刘区间来水量和 11 月 1 日、15 日刘家峡水库预留水量等,并拟订刘家峡水库不同阶段的防凌控制库容指标为:11 月 1 日蓄水量为 4 亿~8 亿 m³,满足宁蒙冬灌引水后蓄水量为 0~4 亿 m³,封河期末蓄水量一般控制不超过 14 亿 m³,开河期末蓄水量不超过 20 亿 m³。

⑤根据不同情景选择相应典型年,进行龙羊峡、刘家峡水库联合防凌调度方案计算,验证刘家峡水库防凌库容指标的合理性并优化龙羊峡、刘家峡水库联合防凌运用方式;计算表明,严寒丰水情景下,11 月 1 日龙羊峡水库蓄水位应控制不超过 2 597.5 m,且需进一步减小水库下泄流量,以确保凌汛期龙羊峡水库库水位不超过 2 600 m。

⑥提出不同情景下龙羊峡、刘家峡水库联合防凌调度方式。

第 6 章　海勃湾水库防凌运用方式研究

6.1　海勃湾水库工程概况及设计防凌调度方式

黄河海勃湾水利枢纽位于黄河干流内蒙古自治区乌海市境内,下游 87 km 处为内蒙古三盛公水利枢纽。海勃湾水利枢纽是一座防凌、发电等综合利用工程,主要由土石坝、泄洪闸、电站坝等建筑物组成。根据《黄河海勃湾水利枢纽工程初步设计报告》(中水北方勘测设计研究有限责任公司,2010 年 3 月),水库正常蓄水位 1 076.0 m,总库容为 4.87 亿 m^3;死水位 1 069.0 m,相应库容为 0.443 亿 m^3;电站装机容量为 90 MW,年发电量 3.817 亿 kW·h。海勃湾水库凌汛期最高蓄水位为正常蓄水位 1 076.0 m,相应调节库容 4.43 亿 m^3。海勃湾水利枢纽工程于 2010 年 4 月开工建设,2011 年 3 月成功实现截流,2012 年 6 月第一台机组投产发电,2014 年 8 月主体工程成功竣工运行。

目前,海勃湾水库是黄河上开发的第一座以防凌为主要任务的水库,《黄河海勃湾水利枢纽工程初步设计报告》中提出的防凌运用方式如下:

凌汛期内蒙古河段的流量主要取决于刘家峡水库的下泄流量,海勃湾水库只是对入库流量进行短期的实时调节,在封、开河时段控制下泄流量分别为 650 m^3/s 和 400 m^3/s,对入库流量实行"多蓄少补"的调度原则。

流凌封河期为 11~12 月,由于要向内蒙古河道补水,流凌封河期开始时水库蓄至正常蓄水位;开河期为 2~3 月,由于控泄要求,水库需要拦蓄部分上游来水,开河前水库尽量降至死水位。3 月开河后水位尽快升至正常蓄水位。

凌汛期,尽管有刘家峡水库对宁蒙河段基本流量进行了控制,有海勃湾水库对流量进一步实施调控,但由于内蒙古河段的封、开河形势、气温和槽蓄水增量的释放等情况复杂多变,内蒙古河道仍难免会发生局部凌灾,因此海勃湾水库在参照石嘴山入流量进行控泄调度的同时,还要时刻准备针对内蒙古河道发生凌灾,对下泄流量进行紧急调控,以减轻或缓解凌汛灾情。开河期为了能及时调控泄量缓解内蒙古河段凌灾抢险压力,海勃湾水库在开河期预留防凌应急库容 5 000 万~8 000 万 m^3,可以短期减小下泄流量或关闭泄水通道,为受灾河段的防凌抢险创造必要的条件。初步计算,开河期若上游石嘴山日均来水流量为 400 m^3/s,水库可暂时减小流量或关闭泄水闸门,通过预留的应急抢险库容拦蓄上游来水 2~3 d。

6.2　海勃湾水库防凌运用方式研究

6.2.1　海勃湾水库防凌运用原则、运用水位

针对黄河内蒙古河段现状防凌调度存在的主要问题以及该河段的凌汛凌灾特点,确

定海勃湾水库的防凌调度原则为：在刘家峡水库凌期调度的基础上，就近调蓄刘家峡水库在凌汛期难以控制的水量。鉴于本书研究的重点是宁蒙河段防凌形势及对策，所以主要研究海勃湾水库初期运用方式，着重调节封河期的流量过程，创造较好的封河形势，并预留一定的应急防凌库容；开河期控制下泄流量，减小下游河段输冰输水能力，创造平稳的开河流量过程。

根据《黄河海勃湾水利枢纽工程初步设计报告》，运用初期海勃湾水库正常蓄水位至死水位之间的调节库容为 4.43 亿 m^3。海勃湾水库利用调节库容进行防凌运用，即防凌运用最低水位为死水位（1 069.0 m），最高蓄水位为正常蓄水位（1 076 m）。根据海勃湾水库的有效库容分析，开河期水库预留 0.78 亿 m^3 的应急防凌库容，相应的防凌控制水位为 1 075.1 m，应急运用期间，最高蓄水位为 1 076 m。

6.2.2　海勃湾水库防凌最高控制水位

6.2.2.1　海勃湾水库库尾发生冰塞、冰坝的重点河段

从海勃湾河段实际发生的冰塞、冰坝情况看，黄河乌海市段在封河期和开河期均可能发生冰塞、冰坝灾害，且冰塞、冰坝壅水水位高，是灾害比较严重且频繁的河段。根据海勃湾水库库区及库尾河段发生冰塞、冰坝的历史资料和库尾的地形条件来看，水库库尾冰塞、冰坝发生的主要河段分别为九店湾河段和黄柏茨湾河段。九店湾河段和黄柏茨湾河段具有相似的地形条件，河段上段河道狭窄、弯曲、比降大，河段下段河道宽阔、比降小，并且浅滩分布。黄柏茨湾河段自乌达公路桥到峡谷出口处长约 5 km，距离海勃湾水库坝址 10~14 km。水库蓄水以后，黄柏茨湾河段位于库区内，该河段河底高程与水库死水位接近，在此河段发生冰塞、冰坝的概率将大大降低。

九店湾河段自头道坎到峡谷出口处长约 8 km，距离海勃湾水库坝址 26~29 km，河道宽约 150 m，平均比降 0.92‰。九店湾以下河段，断面突然变宽，且河道弯曲，夹心滩分布其中，平均河宽 1 500 m。头道坎到九店湾河段上段比较顺直，从二道坎到峡谷出口处河道弯曲，比降较大，出口下游河道骤然变宽，比降变缓，冰块容易在此河段卡堵形成冰坝。经过回水计算，海勃湾水库凌汛期按正常蓄水位 1 076 m 运行时，九店湾断面水库回水水位为 1 080.0 m 左右，九店湾河段有部分河段位于水库回水段，这将增加水库回水段形成冰塞、冰坝的可能性。海勃湾水库库区平面示意图见图 6-1。

6.2.2.2　水库防凌运用水位对冰塞、冰坝壅水的影响

水库的运行水位直接决定着回水末端的位置，水位越低，回水末端越靠近坝前；水位越高，回水末端越远离坝前。冰塞头部一般发生在水库回水末端河道比降变化较大，或者河道断面突然缩窄的河段。所以，水库蓄水位对冰塞壅水的规模和形状有直接影响，一般情况下，在河道断面和平均比降变化不是很大时，封河期水库水位越低，冰塞头部的位置越靠近坝前；封河期水库水位越高，冰塞头部的位置越远离坝前。

在内蒙古河段流凌至封河发展阶段，海勃湾水库的运用对入库流量实行"多蓄少补"的调度原则。宁夏灌区引水期，为了减轻宁夏灌区引水造成的内蒙古河道较小流量的影响，海勃湾水库增大下泄流量向下游补水，在补水期末，水库蓄水位较低，甚至可能降到死

水位运行;宁夏灌区引水结束,退水流量较大,会使进入内蒙古河段的流量过大,不利于稳定封河,海勃湾水库减小出库流量蓄水运用,库水位逐步升高至不超过 1 075.1 m。

从实测资料分析,石嘴山河段流凌日期最早为 11 月 7 日,最晚为 12 月 27 日;封河日期最早为 12 月 7 日,最晚为 1 月 31 日。所以,海勃湾河段封冻期间,水库的运行水位可能低至死水位,也可能高至 1 075.1 m,库尾的冰塞头部也会因封河水位的不同而有所差异。本书分析中,河道纵断面采用水库运行初期的成果,来水流量选用石嘴山站封河期 5% 的设计流量 869 m³/s,从偏于安全考虑,起调水位选择 1 069 m、1 072 m、1 076 m 三种情形进行了分析计算。

经分析,随着水库蓄水位的升高,冰塞体的头部位置越远离坝址,冰塞头部的起点高程也相应提高。从计算情况看,水库蓄水位为 1 069 m 时,冰塞头部位于距离坝址 15 km 的乌达公路桥附近;水库蓄水位为 1 072 m 时,冰塞头部位于距离坝址 20 km 的乌达铁路桥附近;水库蓄水位为 1 076 m 时,冰塞头部位于距离坝址 28 km 的九店湾附近。但水库蓄水位对于冰塞体的影响,主要表现在冰塞头部和前部。不同的水库蓄水位,冰塞的最高壅水位都发生在距离坝址 30 km 的麻黄沟河段,该河段冰塞体壅水水位的变化不大,冰塞壅水高度也相差不多。所以,水库蓄水位不同,冰塞体的头部也不同,但水库蓄水位对冰塞壅水的影响主要表现在头部和前部。在麻黄沟断面上游,冰塞壅水高度与水库蓄水位的关系不大。

对海勃湾水库库尾冰坝壅水的分析表明,不同水位形成的冰坝壅水水位和壅水距离与冰塞表现为类似的特点。但库尾冰坝的壅水水位较冰塞的壅水水位高,壅水距离较短。麻黄沟断面上游河段,不同蓄水位对应的冰坝壅水高度基本接近。

6.2.2.3　海勃湾水库库尾防凌安全对防凌运用水位的要求

海勃湾水库库尾冰塞、冰坝壅水的影响范围从水库坝址至石嘴山钢铁厂河段,其中主要的影响对象为沿黄跨河桥梁、石嘴山钢铁厂、宁夏第三排干等。凌汛期,海勃湾水库按正常蓄水位 1 076 m 运行时,库尾形成的冰塞、冰坝壅水水位基本不对乌达 110 国道公路桥、三道坎铁路桥、乌海高速公路桥的桥梁安全带来安全威胁。石嘴山钢铁厂和宁夏第三排干分别位于海勃湾水库坝址以上 43 km 和 53.5 km。库尾冰塞壅水末端位于坝址上游 38~40 km;库尾发生冰坝壅水时,冰坝壅水末端位于坝址上游 36~39 km。海勃湾水库库尾冰塞、冰坝壅水对石嘴山钢铁厂和宁夏第三排干的影响不大。

综上所述,海勃湾水库防凌运用水位较低时,冰塞、冰坝的头部越接近坝址,对降低库尾的冰塞、冰坝水位越有利。但是,海勃湾水库不同的防凌运用水位,在水库回水范围以上河段的库尾冰塞、冰坝壅水水位基本接近。所以,海勃湾水库在凌汛期的最高防凌运用水位可按 1 076.0 m 运行。需要说明的是,由于内蒙古河段冰情非常复杂,关于冰塞、冰坝壅水的研究和计算方法目前尚处于探索阶段,且影响冰塞、冰坝的形成发展的因素较多,库尾的冰情形势存在较多的不确定因素,因此应设立库尾冰情专用监测站,加强对水库库尾冰塞、冰坝的监测,为水库的防凌调度运用提供依据。

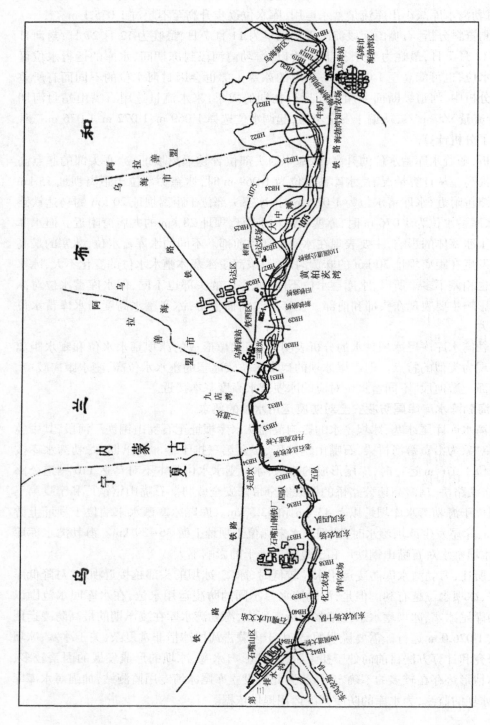

图 6-1 海勃湾水库库区平面示意图

6.2.3　海勃湾水库需要承担的防凌库容

由于海勃湾水库调节库容较小,初期的防凌运用主要是针对流凌封河期的调节运用和开河期的应急防凌运用,所以应着重分析流凌封河期和开河期海勃湾水库可以承担的防凌调节库容。

根据内蒙古河段凌汛基本特点,一般三湖河口—头道拐河段先封河,石嘴山—磴口河段先开河。结合内蒙古河段防凌的总体需求,考虑到宁夏灌区引退水因素以及内蒙古河段历年封、开河凌灾成因和多年的防凌经验,流凌封河时进入内蒙古河段的适宜封河流量一般应在 $600 \sim 800 \ m^3/s$,封河发展阶段流量保持平稳且缓慢减小;开河期进入内蒙古河段的流量维持在 $400 \ m^3/s$ 左右较为合适。开河期,下游河段发生冰坝等紧急险情时,海勃湾水库减小下泄流量,缓解下游防凌抢险的压力。据此,设定五个封河流量方案,流凌封河期分别按 $600 \ m^3/s$、$650 \ m^3/s$、$700 \ m^3/s$、$750 \ m^3/s$、$800 \ m^3/s$ 五个封河流量控制下泄,封河发展阶段减小 $50 \ m^3/s$,开河期相应地分别按 $300 \ m^3/s$、$350 \ m^3/s$、$400 \ m^3/s$、$450 \ m^3/s$、$500 \ m^3/s$ 五级控制出库流量,分析不同来水条件下需要海勃湾水库承担的防凌库容。经分析,五个流量过程方案中,流凌封河期按 $700 \ m^3/s$ 流量下泄的过程对海勃湾水库的补水、蓄水运用和内蒙古河段防凌最为有利。

根据石嘴山站 1990~2009 年共 20 年的长系列来水资料,按照上述拟订的防凌流量过程方案,进行模拟防凌调节计算,分析流凌封河期和开河期宁蒙河段防凌需要海勃湾水库承担的调节库容。

6.2.3.1　海勃湾水库的防凌运用时段及运用方案

海勃湾水库调节库容较小,主要是配合上游龙羊峡、刘家峡水库进行防凌运用。但其地理位置特殊,距离内蒙古河段较近,可以根据内蒙古河段的凌情发展形势,机动灵活地实时调整下泄流量。所以,本书以三湖河口站和磴口站的封、开河时间作为海勃湾水库防凌运用时段的判断条件,并考虑到海勃湾水库至三湖河口站约 5 d 的传播时间,将海勃湾水库的防凌运用时段分为以下三个时段:流凌封河期(三湖河口流凌至磴口封河)、稳封期(磴口封河至磴口开河)、开河期(磴口开河至三湖河口开河)。

1.流凌封河期(三湖河口流凌至磴口封河)

流凌封河期,海勃湾水库主要防凌作用为调节宁夏灌区引退水引起的流量波动,促使内蒙古河段以适宜的流量封河,同时避免强寒潮可能引起的小流量封河。宁夏灌区的引退水时间一般为 11 月上旬至 11 月底,如果三湖河口站封河时间较早(11 月上中旬),此时受宁夏灌区引水影响,内蒙古河段流量较小,为了防止小流量封河,海勃湾水库应该加大出库流量补水运用;如果三湖河口站封河较晚(11 月下旬),宁夏灌区退水使得进入内蒙古河段的流量偏大,为防止过大流量形成冰塞,海勃湾水库需减小出库流量,使得内蒙古河段以适宜流量封河。所以,一般情况下在 11 月中旬前水库需根据上游来水过程、河道过流能力等相机补水,控制出库流量不超过初始控泄流量,尽量腾出库容,为后续防凌蓄水做准备。

根据石嘴山站 1990~2009 年逐年 11 月上旬实测流量分析,石嘴山流量旬平均流量变幅在 $247 \sim 1\ 070 \ m^3/s$。由于海勃湾水库库容较小,如果流凌封河期的初始控泄流量过大,水库的蓄水量不能完全满足宁夏灌区引水期间的补水要求;如果初始控泄流量过小,水库腾出的库容太小,不能满足宁夏灌区退水期间的蓄水要求。所以,海勃湾水库的初始控泄流量应根据上游来水、内蒙古河段适宜封河流量要求等进行判断和调整,以最大限度地发挥水库的补水和蓄水作用。海勃湾水库下泄的流量过程应与上游的来水过程相适应,即封河初期流量按照下河沿站前 5 日平均流量适当调整。内蒙古河段首封后,封河发展阶段控制下泄流量比初始控泄流量减少约 50 m^3/s。

2.稳封期(磴口封河至磴口开河)

内蒙古河段封河以后,上游来水流量相对比较平稳。海勃湾水库根据上游来水情况调整稳封期的下泄过程。如果上游来水大于磴口封河时的流量,水库控制蓄水位不再升高,按来水流量控制下泄;如果上游来水小于磴口封河时的流量,按此封河流量凑泄,并保持出库过程平稳,以尽量腾出库容,为开河期蓄水做准备。

3.开河期(磴口开河至三湖河口开河)

开河期,海勃湾水库的作用主要为根据水库蓄水情况,控制出库流量维持在 400 m^3/s 左右,创造良好的开河条件。如果上游来水量大于 400 m^3/s,按 400 m^3/s 下泄;如果上游来水小于 400 m^3/s,按入库流量下泄。

6.2.3.2　宁蒙河段防凌需要海勃湾水库承担的调节库容

根据石嘴山站 1990~2009 年共 20 年的长系列来水资料,按照上述拟订的防凌运用方案,进行模拟防凌调蓄计算,分析流凌封河期和开河期海勃湾水库需要承担的防凌调节库容。计算成果见表 6-1。

表 6-1　宁蒙河段防凌需要海勃湾水库承担的防凌库容计算成果

凌汛时段	项目	凌汛期各阶段的防凌库容指标		
		最大	最小	平均
流凌封河期	最大需补水量(亿 m^3)	5.86	0.85	2.94
	满足年数(年)	16		
	最大需蓄水量(亿 m^3)	3.13	0	0.90
	满足年数(年)	17		
稳封期	腾出库容(亿 m^3)	4.43	0	3.74
	满足年数(年)	16		
开河期	最大需蓄水量(亿 m^3)	5.57	0	1.13
	满足年数(年)	17		
	剩余防凌库容(亿 m^3)	4.43	0	3.23
	满足年数(年)	17		

从表 6-1 可以看出,流凌封河期,海勃湾水库封河初期按下河沿站前 5 日平均流量实时调整下泄流量时,流凌封河期最大需补水量为 5.86 亿 m^3,最大需蓄水量为 3.13 亿 m^3;稳封期有 16 年可以腾出库容;开河期最大需蓄水量为 5.57 亿 m^3。可见,海勃湾水库考虑

上游的来水情况适当调整水库的下泄流量,而且可以在平滩流量逐渐恢复的情况下,酌情加大流凌封河期下泄流量,形成较大流量封河的良好局面,能够较有效利用海勃湾水库的调节库容,更好发挥水库的防凌作用。

根据内蒙古河段开河期的冰坝灾害统计,开河期该河段的主要冰坝灾害集中在三湖河口至头道拐河段。海勃湾水库至三湖河口的传播时间为 5 d 左右,所以在下游河段发生冰坝等重大险情时,海勃湾水库应立即做出响应,控制出库流量,必要时关闭闸门,减小下游河段的抢险救灾压力。开河期,海勃湾水库平均入库流量为 340~640 m^3/s,下游河段防凌抢险时间按 5 d 考虑,在关闭闸门的情况下,海勃湾水库需要提供 1.47 亿~2.76 亿 m^3 的应急防凌库容。根据方案 1 和方案 2 的调蓄计算结果,开河期 14 年均可以腾空库容 4.43 亿 m^3,3 年腾出部分防凌库容可以满足开河期蓄水要求,共 17 年满足防凌需求;不满足防凌需求的 3 年中,2 年能腾出应急防凌库容 0.78 亿 m^3,仅有 1 年不能腾出应急防凌库容。因此,海勃湾水库基本可以利用腾出的库容进行应急防凌运用。

6.2.4　海勃湾水库运用初期防凌运用方式

6.2.4.1　防凌运用方式

根据内蒙古河段的防凌需求,分析海勃湾水库不同防凌控泄方案的调蓄计算结果,以石嘴山站为入库依据站,拟订了海勃湾水库各防凌运用时段的运用方式。

1.11 月初

水库按照入出库平衡运用,运行水位为正常蓄水位 1 076.0 m。

2.流凌封河期(三湖河口流凌至磴口封河)

内蒙古河段首封前,海勃湾水库根据下河沿前 5 日平均流量 $Q_{下河沿}$ 判断确定出库流量。

宁蒙河段引水期(一般 11 月上中旬),石嘴山站流量较小,海勃湾水库一般补水运用。当 $Q_{下河沿}$≥900 m^3/s 时,下泄流量按 800 m^3/s 控制;当 $Q_{下河沿}$<900 m^3/s 时,下泄流量按 700 m^3/s 控制,以便腾出库容,且补水后最低水位不低于死水位。

宁蒙河段引水结束(一般 11 月下旬),宁夏灌区退水流量影响较大,石嘴山站流量较大,海勃湾水库一般蓄水运用。当 $Q_{下河沿}$≥900 m^3/s 时,下泄流量按 800 m^3/s 控制;当 800 m^3/s<$Q_{下河沿}$<900 m^3/s 时,下泄流量按 700 m^3/s 控制;当 $Q_{下河沿}$≤800 m^3/s 时,下泄流量按 650 m^3/s 控制。当入库流量大于水库控泄流量时,按水库控泄流量控制下泄,水库蓄水运用,直至防凌控制水位 1 075.1 m 时;当库水位达 1 075.1 m 时,维持此水位按入出库平衡运用。

预报内蒙古河段首封时,海勃湾水库按照上述规则根据下河沿站前 5 日平均流量 $Q_{下河沿}$ 确定出库流量,并维持出库流量稳定;河段首封后,封河发展阶段控制下泄流量平稳且缓慢减小,磴口封河时控泄流量比河段首封流量减少约 50 m^3/s。

3.稳封期(磴口封河至磴口开河)

海勃湾水库下游河道全部封冻后,海勃湾水库蓄水位一般都能达到 1 075.1 m。海勃湾水库根据上游来水情况调整稳封期的下泄过程。如果上游来水大于磴口封河时的流量,水库控制蓄水位不再升高,按来水流量控制下泄;如果上游来水小于磴口封河时的流量,按此封河流量凑泄,并保持出库过程平稳,以尽量腾出库容,为开河期蓄水做准备。

4.开河期(磴口开河至三湖河口开河)

根据内蒙古河段稳封期的来水量和海勃湾水库的控泄要求,在稳封期部分年份海勃湾水库不能腾出足够库容,满足开河期的蓄水要求。所以,在开河期,海勃湾水库的作用主要为根据水库蓄水情况,控制出库流量维持在 400 m³/s 左右,创造良好的开河条件,水库最高蓄水位为 1 075.1 m。

6.2.4.2　开河期海勃湾水库应急防凌运用方式

开河期,水库下游河段发生冰坝壅水等险情时,水库可以根据稳封期腾空库容的情况相机运用。如果在稳封期水库可以腾出 4.43 亿 m³ 的防凌库容,可利用此库容进行应急防凌运用,关闭闸门,为下游抢险救灾创造有利条件。如果仅保留 1 075.1~1 076 m 的应急防凌库容应急运用,减小下泄流量,按出库流量 200 m³/s 控制,可缓解下游抢险救灾压力。

6.2.4.3　流凌封河期与龙羊峡、刘家峡水库运用的关系

海勃湾水库流凌封河期的控泄流量直接影响内蒙古河段的封河流量,因此水库出库控泄流量的确定应考虑内蒙古河段的过流能力的变化。但是由于海勃湾水库库容较小,内蒙古河段过流能力变化引起的封河流量变化,本书考虑主要由刘家峡水库控制;海勃湾水库仅在龙羊峡、刘家峡水库运用的基础上发挥微调的作用,在流凌封河期对宁蒙河段引退水造成的流量波动进行调节,水库先补水后蓄水运用,尽可能调节形成适宜平稳的出库流量过程,创造内蒙古河段较好的封河流量形势。

6.2.5　海勃湾水库运用初期防凌作用分析

根据拟订的防凌运用方式,按照水库运行初期 1991~2009 年调蓄计算结果分析,流凌封河期有 80% 的年份可以满足补水需求,有 85% 的年份可以满足蓄水要求,稳封期有 75% 的年份可以腾空库容,开河期的蓄水满足率为 85%。也就是说,按照拟订的防凌运用方式,以及 1991~2009 年的来水条件,在流凌封河期,海勃湾水库基本上可以满足 80% 年份的防凌任务。

首先,通过调节流凌封河期出库流量,控制了宁夏灌区引退水造成的流量波动,部分避免了引水流量突然减小或退水流量较大而造成的小流量或过大流量封河、强寒潮可能引起的小流量封河,创造了良好的封河形势。其次,利用腾出的防凌库容,在开河期进一步控制下泄流量,为下游的平稳开河创造了条件。再次,在开河期,内蒙古河段出现重大险情时,海勃湾水库可以根据封河期的水库蓄水位和上游来水情况,相机运用控制下泄流量,减轻防凌抢险压力,必要时可以关闭闸门运用。

按照海勃湾水库 0.78 亿 m³ 的应急防凌库容,尚不能满足应急防凌调度库容的需求。海勃湾水库应根据封河期末水库的蓄水情况,相机投入应急防凌运用,尽可能减少下泄流量,必要时关闭闸门。海勃湾水库运行初期,在开河期上游平均来水为 340~640 m³/s 的条件下,在封河期末全部腾空 1 075.1 m 以下库容时,水库可以关闭闸门的时间为 8.0~15.1 d;仅保持应急库容时,水库按 200 m³/s 控泄的时间为 2.1~6.4 d,见表 6-2。

表 6-2　海勃湾水库开河期应急防凌运用情况分析

是否腾空 1 075.1 m 以下库容	防凌库容（亿 m³）	上游来水（m³/s）	出库流量（m³/s）	运用时间（d）
腾空	4.43	340	0	15.1
		640	0	8.0
不能腾空	0.78	340	200	6.4
		640	200	2.1

6.3　海勃湾水库建成后宁蒙河段凌情变化

6.3.1　水库上游河段凌情变化

从海勃湾河段实际发生的冰塞、冰坝情况看，乌海市段在封河期和开河期均可能发生冰塞、冰坝灾害，且壅水水位高，是灾害比较严重且频繁的河段。

海勃湾水库建成后，对水库上游河段的影响范围主要为库区河段。根据海勃湾水库库区及库尾河段发生冰塞、冰坝的历史资料和库尾的地形条件来看，水库库尾冰塞、冰坝发生的主要河段分别为九店湾河段和黄柏茨湾河段。经分析，海勃湾水库库尾冰塞、冰坝的影响范围距离坝址 13 km 左右，影响河段长度 30 km 左右，位于九店湾河段，冰塞、冰坝末端位于距坝址 43 km 的石嘴山钢铁厂附近。

6.3.2　水库下游河段凌情变化

海勃湾水库修建以后，对下游凌情的影响主要表现为对河道流量的调节作用、下泄水温的变化和对上游冰量的拦蓄等三个方面。

在对河道流量的调节作用影响方面，流凌期，海勃湾水库可削减因宁夏灌区引退水出现的流量突变过程，可以改善下游河段封河形势，减少强寒潮可能引起的小流量封河情况，减少巴彦高勒河段发生冰塞的概率。开河期，海勃湾水库根据水库的蓄水位和上游来水量，在下游发生冰坝时，相机运用，尽量控制下泄流量，必要时关闭闸门，可以缓解开河期的防凌压力。

在对下泄水温的变化影响方面，初步预测海勃湾水库建库前后河道水温的变化情况，建库后较建库前下泄水温变动幅度 0.1~0.3 ℃，变化幅度较大的主要在 11 月和 3 月。海勃湾水库的出库水温提高，对磴口以上河段的产凌量有些影响，经估算，海勃湾水库以下河段可减少 20 km 左右河段的产凌量，水库下游约 20 km 河段将由建库前的稳定封冻段变为不稳定封冻段。

海勃湾水库建成后，由于对上游流凌的拦蓄作用，会使得水库坝址以下河段的流凌量明显减小。经初步估算，在流凌封河期海勃湾水库建成后，巴彦高勒站流凌量将减少 60% 左右。

　　由于黄河防凌问题复杂,在海勃湾水库防凌运用初期,应加强下游河道凌情发展情势监测,及时分析调度中存在的问题,总结防凌调度经验,并对海勃湾水库防凌方式及时调整,逐步完善。对于库区的凌汛问题,应根据水库建成后库区河段的凌情特点和库尾河段的冰塞、冰坝情况,在前期研究的基础上,进一步单独深入研究。

6.4　本章小结

　　海勃湾水库位于黄河内蒙古河段的最上端,具有较好的地理优势,可以在上游龙羊峡、刘家峡水库联合防凌的基础上,根据上游来水的过程和宁夏灌区的引退水情况,并结合下游河段的冰情凌情演变形势,进一步控制下泄流量过程,有效地解决因宁夏灌区引退水造成的流凌封河期流量波动问题,对改善内蒙古河段的封河形势是非常重要的。同时,可以充分利用距离内蒙古河段较近的地理位置优势,在下游河段发生严重凌情灾害时,相机投入应急运用,为下游河段的防凌抢险赢得时间。近年来,黄河内蒙古河段的凌汛形势发生了新的变化,需要根据海勃湾水库的运行情况,适时调整防凌运用方式,充分发挥海勃湾水库的防凌作用。

第 7 章　应急分洪区防凌调度

7.1　应急分洪区概况及实际分凌运用情况

黄河内蒙古河段由于其特殊的地理位置、气候条件形成了冬季封河、春季开河流凌的现象,受气温、河道河势、上游来水等条件的影响,在封、开河特别是开河流凌期极易形成冰塞、冰坝,出现水位迅速壅高,威胁堤防安全甚至造成堤防溃口的凌汛灾害。从凌汛灾害的统计情况看,20 世纪 90 年代以后凌汛灾害发生频率、凌害损失均呈上升趋势。主要原因是 90 年代后黄河上游水沙关系恶化,内蒙古河道由自然状况下的微淤型变为剧烈淤积河道,河道主槽过流能力大幅下降,开河流凌期极易形成冰塞、冰坝,出现水位迅速壅高现象,加之堤防高度、标准、质量不足,防御能力较低,造成溃口决堤成灾。随着沿黄两岸社会经济的快速发展,黄河内蒙古河段防凌形势日趋严重。

针对内蒙古河道凌汛特点,为应对凌汛突发险情,主动预防和减小凌汛灾害,结合已有分水工程及地形条件,目前共设置了 6 个应急分洪区,即左岸的乌兰布和分洪区、河套灌区及乌梁素海分洪区、小白河分洪区,右岸的杭锦淖尔分洪区、蒲圪卜分洪区、昭君坟分洪区。总面积 612.6 km²,设计库容 4.59 亿 m³,设计分洪流量为 2 394 m³/s。

乌兰布和分洪区:位于黄河左岸巴彦淖尔市磴口县境内,乌兰布和沙漠的东北边缘,面积为 230 km²,设计库容 1.17 亿 m³。分洪口建于三盛公水利枢纽拦河闸上游的库区。分洪闸为双向结构,净宽 77 m,设计最大分洪流量 273 m³/s。

河套灌区及乌梁素海分洪区:位于巴彦淖尔市乌拉特前旗境内,利用三盛公水利枢纽便利的控制条件,通过北总干渠及灌区东部 4 条输水干渠分引黄河凌水。洪水承泄区为乌梁素海、北总干渠、灌区排水干沟、灌区北缘的天然海子。北总干渠进水闸设计正常引水 565 m³/s,加大引水 620 m³/s。分洪区设计最大分洪量 1.61 亿 m³,目前可分洪量 1.3 亿 m³。乌梁素海是全国八大淡水湖之一,总面积 300 km²。它是全球范围内干旱草原及荒漠地区极为少见的大型多功能湖泊,也是地球同一纬度最大的湿地。

杭锦淖尔分洪区:位于黄河右岸鄂尔多斯市杭锦旗杭锦淖尔乡,距上游三盛公水利枢纽拦河闸 225.4 km,距上游三湖河口站 20.6 km。分洪区北依防洪大堤,南到吉巴公路,西起东口子村杭锦淖尔乡政府所在地杭锦淖尔以东,东抵隆茂营村。分洪区是三盛公至毛不拉孔兑入黄汇口间地势最低的地段,面积 44.07 km²,最大分洪水量 8 243 万 m³。分洪闸为钢筋混凝土结构,孔数 7 孔,单孔宽 10 m,总净宽 70 m,最大分洪流量 690 m³/s;退水闸为钢筋混凝土结构,3 孔,单孔宽 5 m,设计退水流量 158 m³/s。

蒲圪卜分洪区:位于黄河右岸鄂尔多斯市达拉特旗恩格贝镇境内,距上游三盛公水利枢纽拦河闸 269 km,距上游三湖河口站约 68.4 km,距下游昭君站 40 km,分洪区西起恩格贝镇所在地以东 500 m,东到黑赖沟,北依防洪大堤,南到蒲圪卜、林儿湾村北及吉巴公路。分洪区设计面积 13.77 km²、库容 3 090 万 m³。分洪闸为钢筋混凝土结构,共 7 孔,单孔宽 10 m,设计分洪水位 1 011.02 m,最大分洪流量 238 m³/s;退水闸为钢筋混凝土结构,2 孔,单孔宽 6 m,设计退水流量 85 m³/s。

昭君坟分洪区:位于黄河右岸鄂尔多斯市达拉特旗昭君坟镇境内,分洪区是北至昭君坟,南至二狗弯城拐高地,西至侯家圪堵、王金奎村的低洼地区。设计总面积 19.93 km²,设计库容为 3 296 万 m³。分洪闸(同时兼顾退水)共 7 孔,净宽 70 m,设计分洪水位 1 008.29 m,最大分洪流量 483 m³/s。

小白河分洪区:位于黄河左岸包头市稀土高新区与九原区萨如拉办事处交界处,分洪区设计总面积 11.77 km²,设计库容为 3 436 万 m³。设置分洪闸和退水闸各一座,净宽 30 m,分洪水位 1 006.53 m,最大分洪流量 460 m³/s。

应急分洪区位置示意图见图 7-1,各应急分洪区工程设计指标见表 7-1。

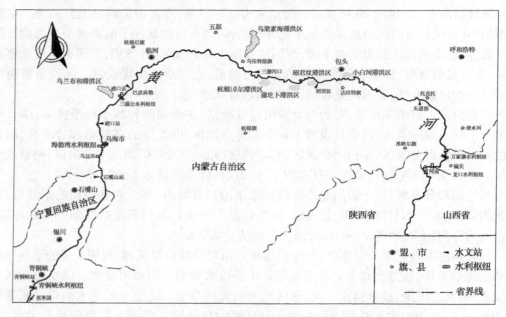

图 7-1　内蒙古河段应急分洪区位置示意图

表 7-1　应急分洪区位置、分洪规模及分洪区面积

工程名称	位置	分洪规模 (万 m³)	分洪区面积 (km²)
乌兰布和	黄河左岸巴彦淖尔市磴口县粮台乡	11 700	230
河套灌区及 乌梁素海	黄河左岸巴彦淖尔市乌拉特前旗大余太镇	16 100	300
杭锦淖尔	黄河右岸鄂尔多斯市杭锦淖尔乡	8 243	44.07
蒲圪卜	黄河右岸鄂尔多斯市达拉特旗恩格贝镇	3 090	13.77
昭君坟	黄河右岸内蒙古鄂尔多斯市达拉特旗昭君镇	3 296	19.93
小白河	黄河左岸包头市稀土高新区万水泉镇和九原区	3 436	11.77

2007 年凌汛期以来,为了削减槽蓄水释放量,减轻黄河内蒙古河段防凌压力,根据实际凌情,内蒙古河段应急分洪区各年度实际分凌运用情况如表 7-2 所示。

表 7-2　2007 年凌汛期以来内蒙古河段应急分洪区各年度实际分凌运用情况

年度	分凌时间			分凌地点	分凌水量（万 m³）
	开始	结束	历时(d)		
2007~2008	3 月 10 日 10 时	3 月 17 日	8	乌梁素海及乌兰布和	22 000
	3 月 21 日	3 月 23 日	3	杭锦淖尔	
2008~2009	2 月 22 日 17 时	3 月 17 日 10 时	23	河套灌区及乌梁素海	15 860
	3 月 18 日 12 时	3 月 21 日 8 时	3	杭锦淖尔	657
2009~2010	3 月 6 日 14 时	3 月 27 日 12 时	21	河套灌区及乌梁素海	12 410
2010~2011	3 月 15 日 12 时	3 月 25 日 8 时	10	河套灌区及乌梁素海	5 320
				杭锦淖尔	72
				小白河	1 030
2011~2012	3 月 15 日	3 月 25 日	10	乌兰布和	4 000
				河套灌区及乌梁素海	5 100
				杭锦淖尔	1 500
				小白河	2 800

从近年应急分洪区运用情况看,开河期各年人工分凌措施结合水库调控,削减了内蒙古河段流量,最大分凌水量超过 2 亿 m³,一定程度上削减了开河洪峰,降低了开河期水位,缓解了因槽蓄水量集中释放对防凌造成的巨大压力,为平稳开河发挥了一定作用。但是由于开河期河道流量受上游水库调度、槽蓄水增量分布、气温变化等多种因素的影响,某些特殊凌情年份应急分洪区的运用也未能很好地解决宁蒙河段的防凌问题。如 2008 年春开河期发生在三湖河口下游侧的凌汛壅水溃口,其主要特点是河道槽蓄水增量明显偏大,封河期持续高水位时间长,临近开河气温剧增,导致一些分段槽蓄水急剧释放,流量突增,水位再度陡升。虽然 3 月 10 日起三盛公水利枢纽分水后,水位有小幅降低,但巴彦高勒—三湖河口区间槽蓄水增量大,且在 3 月中旬较集中释放,最后导致 3 月 19 日 18 时水位由 1 020.93 m,至 24 时升至最高水位达 1 021.21 m,20 日 2 时 30 分、5 时东、西溃口形成,瞬时最大流量分别为 420 m³/s、240 m³/s。

7.2　应急分洪区分凌调度目标与原则

内蒙古河段应急分洪区分凌调度目标为:在发生冰塞、冰坝、管涌、渗漏、溃堤等险情或槽蓄水增量较大、凌灾风险较高时,利用应急分洪区分滞洪水,减轻凌汛灾害损失,降低凌灾发生风险。

内蒙古河段应急分洪区分凌调度原则:根据凌汛险情突发性强、历时短的特点,应急分洪区的启用应服从就近、及时的原则,即启用邻近的分凌区,及时削减河道流量;根据河道槽蓄水增量大、高水位历时长、发生凌汛险情风险高的特点,应急分洪区的启用应服从预防性原则,即当发生凌汛险情风险较高时,适时启用应急分洪区。

7.3 应急分洪区分凌调度研究

7.3.1 应急分洪区启用条件的分析

7.3.1.1 各应急分洪区分凌控制河段分析

乌兰布和、河套灌区及乌梁素海 2 个分洪区位于三盛公水利枢纽附近,位置靠上,分洪库容合计超过 2 亿 m³。三盛公水利枢纽至杭锦淖尔分洪区约 225 km,距下一分洪区较远,封河期巴彦高勒(三盛公下游约 700 m)至三湖河口流量传播时间约 3 d。而冰塞、冰坝等凌汛险情突发性强,持续时间一般为 2 d,因此对此类险情,乌兰布和、河套灌区及乌梁素海分洪区只能控制下游邻近河段的险情。两分洪区在内蒙古河段槽蓄水增量大、高水位持续历时长、凌灾风险较高时,用于分滞河道流量,降低分洪口下游河道水位,减小内蒙古河段凌灾风险,故具有一定的预防性。

三湖河口—头道拐河段,在各易出险段上游邻近河段设置的杭锦淖尔、蒲圪卜、昭君坟和小白河 4 个应急分洪区,分洪规模是"上较大、下小",有利于遇重大险情时应急分凌,削减凌峰,使下游水位较短时间内降低。这 4 个分洪区,距易发生凌汛险情地段近,单一工程分水量较小,且各工程间隔距离不超过 60 km,故是一种应急性工程,如使用及时,分凌区全部分满,总分洪水量约 1.7 亿 m³。

7.3.1.2 各应急分洪区分凌启用时机分析

根据黄防总〔2009〕11 号、〔2011〕1 号文件,以内蒙古河段槽蓄水增量达到 16.6 亿 m³ 作为启用河套灌区及乌梁素海分洪区进行预防性分凌的时机。由龙羊峡水库运用以来,石嘴山—头道拐河段槽蓄水增量超过 16.6 亿 m³ 的年份来看(见表 7-3),一般在 2 月上旬槽蓄水增量就达到 16.6 亿 m³,而此时石嘴山河段基本还未开河。若从 2 月上旬就开始分凌运用,分凌区分蓄的大部分是石嘴山—头道拐河段开河前的河道流量。而封、开河期内蒙古河段凌汛险情一般发生在 3 月的开河期,因此当宁蒙河段槽蓄水增量达到 16.6 亿 m³ 时,就启用应急分洪区分洪,有些年份在石嘴山开河之前就可能分满,启用的时间太早。

表 7-3 宁蒙河段槽蓄水增量达到 16.6 亿 m³ 时间分析

凌汛年度	最大槽蓄水增量(亿 m³)	最大槽蓄水量日期	槽蓄水增量16.6 亿 m³ 日期	石嘴山开河日期	巴彦高勒开河日期	石嘴山—头道拐全开日期
1999~2000	19.13	2 月 2 日	1 月 22 日	2 月 26 日	3 月 15 日	3 月 26 日
2000~2001	18.70	2 月 21 日	2 月 7 日	3 月 10 日	3 月 10 日	3 月 24 日
2004~2005	19.39	3 月 14 日	2 月 8 日	3 月 4 日	3 月 18 日	3 月 30 日
2008~2009	19.58	2 月 25 日	2 月 8 日	2 月 11 日	3 月 4 日	3 月 18 日

内蒙古河段 6 个应急分洪区的分洪库容最大为 1.6 亿 m³,最小约 0.2 亿 m³,分洪规模不大,因此应把有限的分洪库容用到最有效的时间。分洪最有效的时间应该是开河期石嘴山—巴彦高勒河段已经开河、槽蓄水增量逐渐释放、巴彦高勒站以下河段河道流量开始上涨之后,至三湖河口站、头道拐站最高水位和凌峰流量出现之前的时间。此时段由于上游已经开河,河道流量较封河期有所增加,并且上游河段先开河,下游河段后开河,容易产生冰坝洪水。因此,分析 1990～2010 年开河期巴彦高勒站开河日期,三湖河口站和头道拐站开河日期、最高水位日期、凌峰流量日期后认为:近 20 年来,巴彦高勒的开河时间一般在 3 月上旬;三湖河口站、头道拐站最高水位一般出现在巴彦高勒站开河后、本站最大凌峰流量出现前;从巴彦高勒站开河到头道拐站出现最大凌峰流量约需 14 d,最短 7 d,最长 26 d(见表 7-4)。

表 7-4　宁蒙河段开河期主要站凌情特征时间

时间项	巴彦高勒	三湖河口			头道拐			巴彦高勒开河至头道拐凌峰历时(d)
	开河日期	开河日期	最高水位日期	凌峰流量日期	开河日期	最高水位日期	凌峰流量日期	
平均	3 月 8 日	3 月 18 日	3 月 12 日	3 月 19 日	3 月 16 日	3 月 16 日	3 月 21 日	14
最早	2 月 24 日	3 月 6 日	3 月 8 日	3 月 8 日	3 月 4 日	3 月 2 日	3 月 10 日	7(最短)
最晚	3 月 18 日	3 月 27 日	3 月 26 日	3 月 29 日	3 月 28 日	3 月 30 日	3 月 30 日	26(最长)

另外,分析了近 20 年凌汛期三湖河口站水位高于平滩水位 1 020 m 持续时间较长、槽蓄水增量较大年份三湖河口站水位达到 1 020 m 的起止时间。近期 12 月下旬三湖河口水位即可漫滩,一般均持续到 3 月中下旬,近期最长持续时间近 3 个月,高水位历时越长,发生凌汛险情的风险越高。

因此,为预防内蒙古河段凌汛险情发生,一般情况下,在内蒙古河段槽蓄水增量达到 16.6 m³ 且内蒙古河段已经开河,进入 3 月后,根据河道水位观测情况,并考虑凌汛期洪水传播时间,适时启用乌兰布和、河套灌区及乌梁素海分洪区,及时削减槽蓄水增量,降低河段水位,减少凌汛险情发生。

7.3.2　应急分洪区分凌流量、分凌历时分析

宁蒙河段 1999～2010 年段槽蓄水增量较大年份有 7 个,其中 1999～2000 年、2000～2001 年、2004～2005 年、2008～2009 年 4 个年段槽蓄水增量超过 18 亿 m³,2003～2004 年、2005～2006 年、2007～2008 年 3 个年段槽蓄水增量为 16 亿 m³ 左右。从成灾情况来看,这 7 年开河期均有不同程度凌灾发生,即槽蓄水增量过大,开河期发生凌汛灾害的概率较大,因此当槽蓄水增量达到 16.6 亿 m³ 时,需要启用应急分洪区分凌。

应急分洪区的分凌流量应针对不同凌汛险情分别确定,当分洪区附近河段发生冰塞、冰坝或下游河段发生溃坝等险情时,应及时启用分洪区。按照分洪区最大分洪能力分凌,在最短的时间内减小河道流量,直至达到分洪区设计分凌量。当内蒙古河段槽蓄水增量达 16.6 亿 m³,高水位持续历时长,为降低凌灾风险预防性分洪时,应根据内蒙古河段凌

汛形势、槽蓄水增量释放情况等,按照分凌时间为 10~20 d,依据分洪区的分凌库容计算适当的分洪流量。

7.3.3　应急分洪区分凌调度方式

在龙羊峡、刘家峡水库凌期调度运用及本河段堤防防御的基础上,考虑河段的凌情,针对凌汛险情出现的具体情况,适时启用应急分洪区。

7.3.3.1　分凌前退水

各分洪区应在凌汛期前,在分洪区水质满足黄河水质要求时退水,为分凌区预留足够的分凌库容。

7.3.3.2　分凌区启用条件

1.乌兰布和分洪区、河套灌区及乌梁素海分洪区

(1)分洪口/拦河闸下游部分河段发生卡冰壅水,水位有上涨趋势或已经开始上涨,高水位危及堤防安全时。

(2)分洪口/拦河闸下游堤防发生较为严重险情时。

(3)内蒙古河段的槽蓄水增量超过龙羊峡、刘家峡水库联合调度以来多年均值(1987~2008 年均值为 13.8 亿 m³)的 20%,即 16.6 亿 m³,并且内蒙古河段已经开河时。

(4)出现其他特殊紧急情况,需通过分洪措施减轻冰凌灾害时。

2.杭锦淖尔分洪区、蒲圪卜分洪区、昭君坟分洪区和小白河分洪区

(1)分洪闸上下游 50 km 河段范围内,出现严重险情或堤防发生溃堤时。

(2)分洪闸下游 30 km 河段范围内出现卡冰壅水,高水位危及堤防安全需减少流量、降低水位时。

(3)分洪闸上下游 50 km 河段范围内,水位距防洪堤顶不足 1.5 m 时。

(4)上游出现冰坝,通过破冰解除冰坝或冰坝自溃,可能在此段出现较高水位,危及堤防安全时。

(5)出现其他特殊紧急情况,需通过分洪措施减轻冰凌灾害时。

7.3.3.3　分凌后退水

当内蒙古河段凌情、险情结束,河道水位满足退水条件,退水水质满足黄河水质要求时,各分洪区要及时向黄河退水。

7.3.3.4　调度权限及程序

乌兰布和、河套灌区及乌梁素海应急分洪区的分凌(分洪)运用,由内蒙古自治区防汛抗旱指挥部提出运用意见,报黄河防汛抗旱总指挥部决定;杭锦淖尔、蒲圪卜、昭君坟、小白河应急分洪区的分凌(分洪)运用由内蒙古自治区防汛抗旱指挥部负责。

当乌兰布和分洪区、河套灌区及乌梁素海分洪区达到启用条件时,由内蒙古自治区防汛抗旱指挥部向黄河防汛抗旱总指挥部提出分洪申请,黄河防汛抗旱总指挥部批准后,由内蒙古自治区防汛抗旱指挥部组织实施。

当杭锦淖尔、蒲圪卜、昭君坟和小白河四个分洪区达到启用条件时,由盟(市)防汛抗旱指挥部向自治区防汛抗旱指挥部提出申请,自治区防汛抗旱指挥部批准后,由盟(市)防汛抗旱指挥部负责组织实施。

7.4　本章小结

黄河内蒙古河段地处黄河流域最北端,纬度较高,气温较低。由于其特殊的地理位置和气候条件,形成冬季封河、春季开河流凌的现象。受气温、河道河势、上游来水等条件的影响,在封、开河期,特别是开河流凌期极易形成冰塞、冰坝,水位迅速壅高威胁堤防安全,甚至造成堤防溃口的凌汛灾害。防凌应急分洪区是完善黄河内蒙古河段防凌体系的必要工程,是长期预防和减轻凌汛灾害的重要措施。

2008 年以来,内蒙古自治区沿黄河两岸共建设了 6 处应急分洪区,即左岸的乌兰布和分洪区、河套灌区及乌梁素海分洪区、小白河分洪区,右岸的杭锦淖尔分洪区、蒲圪卜分洪区、昭君坟分洪区。总面积 612.6 km²,设计库容 4.59 亿 m³,设计分洪流量为 2 394 m³/s。从近年运用情况看,在一定程度上削减了开河洪峰,降低了开河期水位,为平稳开河发挥了一定作用。

根据凌汛险情突发性强、历时短的特点,应急分洪区的启用应服从就近、及时的原则。在龙羊峡、刘家峡水库凌期调度运用及本河段堤防防御的基础上,考虑河段的凌情,针对凌汛险情出现的具体情况,适时启用应急分洪区。

乌兰布和、河套灌区及乌梁素海 2 个分洪区位于三盛公水利枢纽附近,位置靠上。两分洪区在内蒙古河段槽蓄水增量大、高水位持续历时长、凌灾风险较高时,用于分滞河道流量,降低分洪口下游河道水位,减小内蒙古河段凌灾风险,故具有一定的预防性。当内蒙古河段槽蓄水增量达 16.6 亿 m³ 且内蒙古河段已经开河,进入 3 月后,根据河道水位观测情况,并考虑凌汛期洪水传播时间,适时启用乌兰布和、河套灌区及乌梁素海分洪区,及时削减槽蓄水增量,降低河段水位,减少凌汛险情发生。

三湖河口—头道拐河段,设置杭锦淖尔、蒲圪卜、昭君坟和小白河 4 个应急分洪区,距易发生凌汛险情地段近,单一工程分水量较小,且各工程间隔距离不超过 60 km,是一种应急性工程。

第8章　上游防凌工程联合调度方式

8.1　上游防凌调度技术

宁蒙河段凌汛期灾害主要由于冰凌下泄不畅、河道壅堵、卡冰结坝、壅高水位形成灾害,造成的凌灾主要有冰塞、冰坝两种情况,冰塞主要发生在流凌封河期,冰坝主要发生在开河期。根据 3.1.5 部分的分析,宁蒙河段发生冰坝的次数远大于冰塞的次数,但冰塞成灾的比例大于冰坝成灾的比例。近些年来,由于龙羊峡、刘家峡水库的运用,宁蒙河段过流能力减小较多,凌汛期气温极值事件增加,人类活动影响加剧等因素的影响,内蒙古河段封河期出现冰塞壅水的概率有所增加,发生凌灾的河段有所增多。1990 年、1992 年、1994 年、1995 年巴彦高勒站冰塞壅水位均超过百年一遇洪水位,1988 年和 1993 年冰塞水位超过千年一遇洪水位,达 1 054.33 m 和 1 054.40 m。其中,1993 年冰塞壅水造成堤防决口,12 个村庄受淹,面积达 0.8 万 hm²,直接经济损失 4 000 万元。

2000 年以来,黄河宁蒙河段有五年多发生凌灾,2007~2008 年封河期宁夏河段出现冰塞,开河期出现了近 40 年来最严重的凌情,三湖河口水位屡创新高,杭锦旗独贵塔拉奎素段大堤发生溃决。2000~2001 年开河期昭君坟河段局部出现险情,2001~2002 年、2002~2003 年在宁夏乌达区和青铜峡库区分别出现了民堤溃决,2008~2009 年开河期三湖河口下游发生冰塞致使生产堤漫顶。

通过对近期发生凌灾年份凌情特点的分析,认为可能造成冰凌灾害的严重凌情一般发生在流凌封河期、封河期和开河期。流凌封河期主要是由于流凌量大冰塞壅水、封河冰盖低壅水、封河期间气温变化大、封开河交替形成冰塞壅水等几种原因形成凌灾;封河期主要是由于水位高、槽蓄水增量大、堤防偎水时间长形成渗漏管涌等险情和凌灾;开河期主要是由于槽蓄水增量大、气温回升快、槽蓄水增量集中释放形成较大流量造成凌灾。

8.2　上游水库防凌调度特点

黄河上游凌汛主要发生在宁蒙河段,凌汛期一般为 11 月至翌年 3 月,凌汛受热力、动力和河道边界条件等多种因素影响,防凌调度主要根据河道边界条件,通过调控动力因素尽可能减小凌灾风险。黄河上游的防凌调度水库主要有龙羊峡水库、刘家峡水库和海勃湾水库。

凌汛期时间在非汛期,一般概念上,非汛期主要进行兴利调节,因此以往的水库防凌调度研究多是基于水量调度的思路和条件,将防凌调度要求概化为对河道流量控制的约束条件,水库只要尽可能满足下泄流量要求,计算期末库容满足不同来水情况即可,模型计算时段多为月、旬调节,在满足河道防凌要求的前提下,采用优化方法,提高水库的发电、灌溉、供水等综合利用效益。因此,以往防凌调度在防洪调度思路的研究方面稍显不足。

水库防凌调度兼有防洪调度和水资源调度特点。防凌河段凌汛期各阶段的过流能力是确定的,需要根据流凌封河期、稳封期、开河期各阶段防凌要求,控制河道过流量。上游水库至防凌河段区间流量是影响水库防凌控制效果的关键,需要根据凌汛期各阶段区间流量、防凌河段要求,确定水库出库流量。上游水库需要根据不同来水情况、库容情况,确定各阶段下泄流量。上游串联水库群,需要根据上游来水、水库区间来水、两水库防凌库容条件、综合利用需求等,确定两库的蓄泄规则。

黄河上游龙羊峡、刘家峡、海勃湾等水库的防凌调度,需要根据上游河道具体情况、综合防洪和水资源调度思路来确定联合调度方案。从地理位置和库容条件看,龙羊峡、刘家峡水库距离宁蒙河段远,水库库容大,水库本身没有凌汛问题,因此龙羊峡、刘家峡两库调度的重点一是考虑刘家峡水库至宁蒙河段区间凌汛期各阶段流量变化,控制刘家峡水库出库流量过程,使得宁蒙河段防凌形势总体平稳;二是根据龙家峡、刘家峡两库入库流量,考虑上游梯级综合利用,科学分配凌汛期各阶段两库的防凌库容,使得整个凌汛期两库水位协调、合理,水库防凌调度风险可控。海勃湾水库距上游刘家峡水库远,恰位于内蒙古河段入口处,水库库容较小、水库自身还可能存在冰凌问题,因此海勃湾水库调度的重点是精细控制凌汛期各阶段进入内蒙古河段的流量,满足内蒙古河段防凌要求。

黄河上游凌汛时间长达 4~5 个月,包括流凌封河期、稳封期和开河期三个阶段。流凌封河期流量过大可能形成冰塞险情,流量过小可能会增大槽蓄水增量影响封、开河形势,因此在流凌封河期要控制适宜的封河流量,避免流量过大、过小。稳定封河期,应控制流量稳定,保持封河形势稳定,避免过度增大槽蓄水增量。开河期,河道槽蓄水增量释放,可能形成冰坝险情,应尽量控制上游来水,减少动力因素影响,避免"武开河"。因此,上游水库防凌调度控制时间长,凌汛期各阶段调度目标不同,在刘家峡水库防凌库容约 20亿 m^3 的情况下,为了控制累积调度风险,应分阶段预留防凌库容,即在 11 月初、流凌封河前、开河关键期前均要根据来水和水库蓄水情况,龙羊峡水库与刘家峡水库联合调度,控制库水位,使水库预留足够的防凌库容,确保凌汛期龙羊峡水库水位不超过 2 600 m,刘家峡水库水位不超过 1 735 m。

8.3　上游防凌工程防凌任务分析

根据第 2、3 章对宁蒙河段凌情、凌灾特点的研究,可知虽然冰塞、冰坝等凌汛险情具有突发性强、难预测的特点,但在封河期和开河期出现险情的风险是随着凌情的发展不断变化或累积的,若流凌封河期形成较不利的封河形势,使得封河期冰盖厚、高水位历时长、槽蓄水增量大,则发生凌汛险情的风险会不断累积,遇到不利的开河气温条件,发生严重凌情的概率将大大增加。石嘴山—头道拐河段的冰塞、冰坝等凌汛险情一般发生在 12 月上中旬和 3 月,12 月下旬至 2 月很少发生凌汛险情。因此,在防凌工程的调度中,应根据凌汛不同时期的凌情、险情特点和防凌工程位置、特点等,分别研究凌汛期不同阶段,水库、应急分洪区的联合防凌调度方式。

　　龙羊峡、刘家峡水库是黄河上游防凌的龙头水库,基本控制着整个凌汛期宁蒙河段的入流过程、入流量,但由于刘家峡水库距离内蒙古河段凌汛险情发生地点远,而冰塞、冰坝险情的突发性强,险情持续时间短,因此刘家峡水库对突发的冰塞、冰坝险情来不及调控。

　　刘家峡水库在凌汛期的防凌任务,是按照防凌要求控制不同阶段的下泄流量,使宁蒙河段凌汛期的流量过程满足河段防凌需求:刘家峡水库11月上旬至流凌期,刘家峡水库从下泄较大流量到逐渐减小为按封河流量控泄,满足宁蒙河段引水并塑造较为适宜的封河流量;流凌封河时控制流量较为平稳并缓慢递减;稳定封河期控制出库流量平稳,保持封河形势稳定,控制适当的槽蓄水增量;开河关键期进一步压减流量,减小动力因子对开河形势的影响;开河后适当加大下泄流量,有利于开河形势的稳定。

　　龙羊峡水库库容大,是黄河上游的水塔和龙头水库,在凌汛期的防凌任务是:对凌汛期下泄水量进行总量控制,根据上游来水、龙刘区间来水、刘家峡水库水位和下泄流量以及电网发电情况等,与刘家峡水库联合进行防凌、发电补偿调节,使刘家峡水库的防凌库容和下泄流量等尽可能满足宁蒙河段防凌要求。

　　海勃湾水库位于内蒙古河段入口,但库容较小,水库运用初期的主要防凌任务:一是调节封、开河流量,创造较平缓的封、开河形势;流凌封河期按照"少补多蓄"的原则,控制出库流量使内蒙古河段以适宜流量封河;在稳封期尽量保持下泄流量平稳,并为开河期控泄预留部分防凌库容;开河期,控制出库流量,发生凌汛险情时,应急控制下泄流量,减小凌汛灾害损失。二是应急防凌,即当水库下游附近河段发生冰塞、冰坝或下游内蒙古河段堤防发生凌汛险情时,相机控制,减小凌汛险情灾害损失。

　　河套灌区及乌梁素海、乌兰布和分洪区承担分洪区进水口下游内蒙古河段的防凌任务,当发生冰塞、冰坝等凌汛险情时应急分凌;当高水位持续时间长、槽蓄水增量较大时,分凌减小河道流量。杭锦淖尔分洪区、蒲圪卜分洪区、昭君坟分洪区和小白河分洪区承担附近相关河段发生冰塞、冰坝等凌汛险情时的应急分凌任务。

8.4　上游防凌工程联合调度方式

　　常规防凌主要依靠堤防防凌和龙羊峡水库、刘家峡水库、海勃湾水库防凌调度,遇突发严重凌情,视具体情况,适时启用海勃湾水库或应急分洪区等应急防凌工程。

　　对流凌封河时发生冰塞引起的险情,由于突发性强、险情维持时间一般不超过2 d,在龙羊峡、刘家峡水库正常防凌运用的基础上,主要考虑启用距发生凌汛险情地点较近的水库或分洪区应急调度;对封河期和开河期由于凌灾风险随凌情变化逐步累积,既可能发生冰坝等紧急险情,又可能由于河道内高水位长历时引发堤防管涌、渗漏、溃堤等,因此主要考虑采用水库、分洪区等防凌工程联合调度。同时,一般凌情时,刘家峡、龙羊峡水库调度得当,不需启用应急防凌工程,紧急凌汛险情时,需水库、分洪区等防凌工程联合运用。

8.4.1　一般情况

　　一般情况下,上游防凌工程的联合调度主要包括龙羊峡、刘家峡和海勃湾三个水库,龙羊峡、刘家峡水库联合运用,基本控制了凌汛期进入宁蒙河段的流量过程。刘家峡水库控制凌汛期出库流量过程,使流凌期、封河期和开河期宁蒙河段的流量过程满足冬灌引水和不同阶段的防凌需求。龙羊峡水库根据上游来水、刘家峡出库流量和蓄水量、上游电网发电需求等,对下泄水量进行总体控制,使得刘家峡水库的下泄流量和库容满足防凌要求。一般情况下,龙羊峡、刘家峡水库的联合调度方式见 5.4.3 部分情景一(近期气温,宁蒙河段主槽平滩流量约 1 500 m³/s)时的调度方式。

海勃湾水库位于三盛公水利枢纽下游,黄河内蒙古河段入口,运用初期的防凌库容约 4.43 亿 m³。由于海勃湾水库距离刘家峡水库较远,流量传播时间约 7 d,且防凌库容相对较小,本书未考虑海勃湾水库与刘家峡水库的联合补偿运用。一般情况下,海勃湾水库主要是在龙羊峡、刘家峡水库防凌运用的基础上,对入库流量波动进行调节。流凌封河期,海勃湾水库对宁蒙河段引退水造成的流量波动进行调节,按照“少补多蓄”的原则控制出库流量,形成较为稳定、适宜的封河流量;封河期控制出库流量稳定,并适当泄放库内蓄水,腾出较多库容;开河期进一步减小出库流量,防凌运用。

宁蒙河段河道过流能力变化,凌汛期刘家峡水库的控泄流量应适当调整(见 5.4.3 部分情景二,近期气温、宁蒙河段主槽平滩流量约 2 000 m³/s 时的刘家峡水库控泄流量),但龙羊峡、刘家峡水库的联合运用方式基本不变。海勃湾水库仍是在刘家峡水库运用的基础上对入库流量波动进行调整,运用方式不变,但控泄流量随河道过流能力变化。

8.4.2　丰水严寒情况

丰水严寒时,刘家峡水库控制流量比一般情况有所减小,上游来水较丰,所需防凌库容大,进入凌汛期应尽量降低刘家峡水库的蓄水位,留出足够的防凌库容;龙羊峡水库凌汛期下泄水量小,11 月初上游来水较大,龙羊峡水库蓄水,11 月 1 日应控制水库蓄水位不超过 2 597.5 m。在丰水严寒情况下,龙羊峡、刘家峡水库的联合防凌见 5.4.3 部分情景三(丰水严寒,宁蒙河段主槽平滩流量约 1 500 m³/s)的调度方式。

丰水严寒情况下,内蒙古河段封河早、开河晚,海勃湾水库在常规运用的基础上,应紧密结合流凌、封河预报,流凌前适当提前补水下泄,流凌封河期控制宁蒙河段适宜首封流量,封河发展阶段控制流量稳定且缓慢减小,并在引水期结束时尽量腾出较大库容用于调节退水流量波动;稳定封冻后,在保证封河形势稳定的条件下,尽量多泄水,腾出库容,用于开河期的防凌调度。开河期,根据库容情况,尽量压减下泄流量。

8.4.3　凌汛紧急险情时

内蒙古河段发生冰塞、冰坝、管涌、渗漏等紧急险情,威胁堤防安全时,首先根据险情位置,及时启用上下游应急分洪区和海勃湾水库,降低河道水位。应急分洪区分凌调度方式同 7.3.3 部分。

水库下游附近河段发生冰塞、冰坝等险情时,海勃湾水库在一般凌情运用方式基础上,及时减小下泄流量。开河期,水库下游河段发生冰坝壅水等险情时,水库根据封河期腾空库容的情况相机运用。如果腾出较大的防凌库容,水库关闭闸门紧急运用;如果仅腾出约 0.78 亿 m³ 的防凌库容,则按出库流量 200 m³/s 控制,降低凌灾风险,为下游抢险创造有利条件。

发生堤防决口等严重凌情时,除运用海勃湾水库和应急分凌区外,必要时还需刘家峡、龙羊峡水库进一步减小下泄流量,为应急抢险创造条件,减轻凌汛灾害损失。

需要说明的是,目前黄河上游的防凌调度主要依靠龙羊峡、刘家峡水库进行流量调节;海勃湾水库运用初期库容较大时,可以对宁蒙冬灌引退水流量过程进行调节,形成较为适宜的封河流量,但海勃湾水库设计运用 10 年后的调节库容为 1.84 亿 m^3,远期受库容条件的限制,海勃湾水库主要立足于应急调度。由于刘家峡水库距离宁蒙河段较远,存在调度不及时的问题,另外黄河上游龙羊峡—青铜峡河段是水电基地,主要任务为发电,目前的防凌调度与发电矛盾较突出,从长远看,黑山峡水库工程生效后,可以利用其高坝大库的有利条件,对刘家峡出库水量进行反调节,满足宁蒙河段防凌和供水任务,增加黄河上游梯级水电站群的发电效益。

8.5　本章小结

分析总结近期上游河道致灾凌情的主要特点。水库防凌调度兼有防洪调度和水资源调度的特点,黄河上游防凌调度期长,应根据宁蒙河段流凌封河期、稳封期、开河期防凌要求,分阶段预留水库防凌库容,控制累积调度风险。针对宁蒙河段凌情特点和上游防凌工程特点,分析龙羊峡水库、刘家峡水库、海勃湾水库和内蒙古河段应急分凌区的防凌任务,根据宁蒙河段防凌可能出现的情况,提出一般凌情、丰水严寒和凌汛紧急险情时上游防凌工程联合调度方式。一般凌情和丰水严寒时,主要依靠堤防防凌和龙羊峡水库、刘家峡水库、海勃湾水库防凌调度;发生紧急凌汛险情时,视具体情况,适时启用海勃湾水库、应急分洪区等工程应急防凌运用,必要时龙羊峡、刘家峡水库进一步减小控泄流量。

第 9 章　总结与展望

9.1　主要结论

黄河上游凌汛突出河段主要在宁蒙河段,宁蒙河段的防凌安全直接关系到宁夏、内蒙古两自治区社会经济的可持续发展和政治稳定。通过开展冰凌观测、凌情和防凌工程调研、实测资料分析、数学模型计算等多种手段,对上游河段凌情变化规律、防凌控制指标、水库及应急分凌区等防凌工程调度方式等进行了深入研究,取得主要研究结论如下。

9.1.1　黄河上游宁蒙河段凌情变化研究

近期宁蒙河段流凌封河推迟,开河提前;年最大槽蓄水增量显著增加且最大值出现时间推后;封、开河最高水位有所上升,巴彦高勒站、三湖河口站凌汛期最高水位上升明显;"武开河"次数减小,开河期凌洪过程延长,洪量增大;冰坝发生次数减少,但凌灾损失增加。运用水运动学、热力学、水文学、河床演变学,从水动力条件、热力条件和河道边界条件变化研究了宁蒙河段凌汛成因,分析了近期凌情变化原因,认为主要有四个原因:一是内蒙古河道主槽过流能力减小较多,影响冰下过流能力,加大槽蓄水增量;二是上游龙羊峡、刘家峡水库运用改变了宁蒙河段的流量过程;三是冬季气温总体偏暖,但异常升降温事件发生较频繁,影响封、开河形势;四是桥梁等涉河建筑物的增加,影响冰凌输移。其中,主槽过流能力减小是近期凌情变化的重要原因,维持适宜的河道平滩流量是控制槽蓄水增量合理规模、凌洪流量合理峰值和保障防凌安全的重要条件。

9.1.2　黄河上游防凌控制指标研究

(1)凌汛期不同阶段宁蒙河段防凌控制流量。平滩流量 $1\,500\ \mathrm{m^3/s}$ 时,宁蒙河段较适宜的封河流量为 $600\sim750\ \mathrm{m^3/s}$;平滩流量为 $2\,000\ \mathrm{m^3/s}$ 时,较适宜的封河流量为 $650\sim800\ \mathrm{m^3/s}$。河段首封至封河发展阶段,应保持封河流量稳定且缓慢减小,控制槽蓄水增量;河道稳封后,为河道安全过流、减小槽蓄水增量,平滩流量为 $1500\ \mathrm{m^3/s}$ 时,应控制宁蒙河段流量 $400\sim500\ \mathrm{m^3/s}$;平滩流量为 $2\,000\ \mathrm{m^3/s}$ 时,应控制宁蒙河段流量小于封河流量且不超过 $750\ \mathrm{m^3/s}$。开河关键期刘家峡水库控泄流量为 $300\ \mathrm{m^3/s}$ 左右。

(2)凌汛期不同阶段刘家峡—宁蒙河段各站的区间流量。宁蒙河段冬灌引水对巴彦高勒站流量的影响一般在 11 月 24 日左右结束,小川至巴彦高勒区间稳定引耗水流量近期平均约为 $500\ \mathrm{m^3/s}$,对应小川站 11 月 1 日后的引水量约 4.24 亿 $\mathrm{m^3}$。引水结束时区间退水流量较大(11 月底至 12 月初),平均约 $150\ \mathrm{m^3/s}$。内蒙古河段首封后的封河发展阶段,小川至石嘴山区间的流量缓慢减小,平均水量约为 4 亿 $\mathrm{m^3}$。开河期区间流量主要为宁蒙河段的槽蓄水增量释放量,近期平均槽蓄水增量释放量占头道拐凌洪水量的 63%,

占最大一日洪量的 79%。

（3）凌汛期不同阶段刘家峡水库的防凌控泄流量。结合宁蒙河段凌汛期不同阶段的防凌控制流量研究以及刘家峡水库至宁蒙河段区间流量变化研究，提出凌汛期不同阶段刘家峡水库的防凌控泄流量。宁蒙河段平滩流量约 1 500 m³/s 时，流凌封河期刘家峡控泄流量为 450~600 m³/s，促使宁蒙河段形成适宜封河流量；稳封期控泄流量为 400~500 m³/s。宁蒙河段平滩流量约 2 000 m³/s 时，流凌封河期控泄流量为 500~650 m³/s；稳封期控泄流量为 450~600 m³/s。开河关键期刘家峡水库控泄流量为 300 m³/s 左右。

9.1.3　优化了现状龙羊峡、刘家峡水库联合防凌调度方式

（1）总结评价水库调度实践。分析了凌汛期各阶段、丰平枯水年龙羊峡、刘家峡水库联合调度特点，研究刘家峡水库调度时机、出库流量与宁蒙河段凌情对应关系，全面分析评价龙羊峡、刘家峡水库凌汛期调度实践。从多年实际调度的平均情况看，刘家峡水库下泄流量的控制时机、控制流量与宁蒙河段引退水、凌情特征时间相应关系较为一致，水库调度总体比较合理。但由于刘家峡水库至宁蒙河段距离较远，凌情预报水平不能完全满足防凌调度的需求，部分年份刘家峡水库控制时机和控泄流量并未完全与宁蒙河段凌情相对应，水库防凌调度还需进一步优化。

（2）龙羊峡、刘家峡水库联合防凌调度思路。龙羊峡、刘家峡水库是宁蒙河段防凌调度的龙头水库，龙羊峡水库总体控制凌汛期下泄水量，刘家峡水库按照防凌要求控制不同阶段的下泄流量。11 月上旬至流凌期，刘家峡水库从下泄较大流量到逐渐减小为按封河流量控泄，满足宁蒙河段引水，并塑造较为适宜的封河流量；流凌封河时控制流量较为平稳并缓慢递减；稳定封河期控制出库流量平稳，保持封河形势稳定，控制适当的槽蓄水增量；开河关键期进一步压减流量，减小动力因子对开河形势的影响。龙羊峡水库主要根据上游来水、龙刘区间来水、刘家峡水库水位和下泄流量，以及电网发电情况等，与刘家峡水库联合进行防凌、发电补偿调节，使刘家峡水库的防凌库容和下泄流量等尽可能满足宁蒙河段防凌要求。

（3）龙羊峡、刘家峡水库区间来水。封河期和开河期刘家峡水库防凌运用、拦蓄龙刘区间来水，55 年系列区间最大来水量封河期为 14.1 亿 m³，开河期为 3.7 亿 m³，封、开河期为 17.8 亿 m³，刘家峡水库可以拦蓄封、开河阶段龙刘区间的全部来水；区间平均来水量封河期为 7.6 亿 m³，开河期为 2.0 亿 m³，封、开河期为 9.6 亿 m³，刘家峡水库除拦蓄封、开河阶段龙刘区间水量外，还另有约 10 亿 m³ 的库容可以拦蓄龙羊峡水库多下泄的水量。

（4）龙羊峡、刘家峡水库联合防凌调度方式。刘家峡水库，11 月 1 日预留 12 亿~16 亿 m³ 的防凌库容，封河前水库补水 4 亿 m³，满足宁蒙河段冬灌引水需求；封河前预留 16 亿~20 亿 m³ 的防凌库容；封河期末蓄水量一般控制不超过 14 亿 m³，为开河关键期预留不少于 6 亿 m³ 的防凌库容；开河期控制蓄水量不超过 20 亿 m³。龙羊峡水库，11 月 1 日蓄水位一般应控制不超过 2 597.5 m，以确保凌汛期龙羊峡水库水位不超过 2 600 m；封河期龙羊峡水库控泄水量与刘家峡出库水量基本相当，开河期按照维持前期流量或加大流量下泄的方式运用。

9.1.4 海勃湾水库主要用于流凌封河期调蓄和开河期应急防凌

在刘家峡水库凌期调度的基础上,海勃湾水库按照"多蓄少补"的原则对入库流量波动进行调节,促使形成内蒙古河段适宜的封河流量,调节封、开河期流量。流凌封河期,冬灌引水内蒙古流量较小时,海勃湾水库补水;引水结束、退水流量较大时,海勃湾水库蓄水;封河前控制出库流量在 $600\sim800$ m³/s,封河后控制流量稳定且缓慢减小,流凌封河期末控制库水位不超过 1 075.1 m。封河期,控制出库流量稳定,并相机腾出库容,为开河期预留较多库容。开河期,在库容允许的条件下,控制出库流量为 400 m³/s 左右,一般情况下最高运用水位不超过 1 075.1 m。内蒙古河段发生凌汛险情时,海勃湾水库视情况关闭闸门或进一步减小控泄流量运用,最高运用水位不超过 1 076 m。由于海勃湾水库库容较小,并不能完全满足调节宁蒙河段流凌封河期流量和应急防凌的需求。

9.1.5 应急分凌区主要用于险情、危情的应急分凌

河套灌区及乌梁素海、乌兰布和 2 个分洪区承担分洪区进水口以下内蒙古河段的防凌任务,当发生冰塞、冰坝等凌汛险情时应急分凌;当高水位持续时间长、槽蓄水增量较大时,分水减小河道流量。杭锦淖尔分洪区、蒲圪卜分洪区、昭君坟分洪区和小白河分洪区承担附近相关河段发生冰塞、冰坝等凌汛险情时的应急分凌任务。

9.1.6 不同凌情防凌工程体系的联合调度运用

一般凌情主要考虑龙羊峡、刘家峡水库的联合防凌调度,海勃湾水库按正常运用,且依靠两岸堤防防御冰凌洪水;严重凌情(极端丰水严寒)时,进入凌汛期预留较多库容,龙羊峡、刘家峡、海勃湾水库联合调度。发生凌汛紧急险情时,视具体情况,龙羊峡、刘家峡水库进一步减小控泄流量,适时启用海勃湾水库、应急分洪区等工程应急防凌运用;出现冰塞、冰坝、溃堤等严重凌情,威胁两岸安全时,通过水库防凌应急调度、应急分洪区分凌、破冰和抢险等综合措施,减少凌汛险情和凌灾损失。

9.2 创新点

研究成果对黄河上游宁蒙河道凌情演变规律和防凌工程调度技术进行了深入全面的研究,取得多项创新性成果,主要创新点如下:

(1)揭示了河道平滩流量和凌汛期冰下过流能力、槽蓄水增量、凌洪流量的复杂响应规律,明确了凌情变化的主要影响因素,提出维持适宜的河道平滩流量是控制合理的槽蓄水增量规模、凌洪流量和防凌安全的重要条件。

研究了宁蒙河段平滩流量变化对凌情的影响机制,平滩流量减小—流凌期凌水更易漫滩、冰下过流能力减小—封河时水位高、漫滩水位历时长—槽蓄水增量大—开河期槽蓄水增量释放量大、凌洪量大,探明了河道平滩流量和凌汛期冰下过流能力、槽蓄水增量、凌洪流量的响应规律,明确了平滩流量变化是宁蒙河段年际间凌情变化的主要影响因素,提出维持适宜的河道平滩流量是控制合理的槽蓄水增量规模、凌洪流量和防凌安全的关键

之一。

(2)创建了流凌封河期、稳定封河期、开河期等凌汛期三个关键阶段的防凌控制流量分析方法,提出了不同河道条件下凌汛期三个阶段的防凌控制流量指标。

研究封河期是否发生冰塞年份的封河流量,计算避免冰塞发生的流量,通过历史资料分析和理论计算提出了封河期适宜的封河流量;研究稳封期冰下过流能力、不漫滩水位相应流量、稳封期流量与槽蓄水增量关系,通过合理控制水位与槽蓄水增量确定了稳封期安全过流量;研究槽蓄水增量释放过程与凌洪流量变化关系、开河期冰坝发生相应流量,提出开河期断面控制流量。综合考虑影响凌情变化动力条件和河道边界条件,提出了宁蒙河段不同平滩流量的凌汛期各阶段防凌控制流量指标。

(3)构建应对下游河道凌汛的串联水库群联合防凌补偿调度技术,提出了刘家峡水库凌汛期内不同阶段的预留防凌库容和龙羊峡水库凌汛期初始控制水位,优化了现状龙羊峡、刘家峡水库联合防凌运用方式。

提出下水库视下游区间来水调控防凌控泄流量,上水库视两库区间来水调控预留防凌库容的串联水库凌汛期全阶段联合补偿防凌调度技术。防凌调度兼有防洪调度和水资源调度的特点,在凌汛的形成、发展和释放过程中,应根据下游防凌控制断面凌汛期各阶段流量要求,考虑下水库至防凌控制断面区间流量过程进行补偿调节,明确凌汛期各阶段下水库的控泄时段、流量和水量指标,做到流凌封河期适当加大流量、稳定封河期保持流量稳定、开河期减少下泄流量。由于防凌调度时间长,凌汛期内不同阶段的水库控泄流量与预留防凌库容成为调度的关键指标。研究串联水库区间凌汛期各阶段不同重现期的流量及水量,上水库根据上游来水和两库区间来水,考虑两库防凌库容和综合利用效益进行补偿调节,明确凌汛期各阶段上、下两库的控制水位和预留库容指标,应对水库下游河道防凌要求。

根据宁蒙河段凌汛期各阶段防凌要求,在刘家峡至宁蒙河段区间,龙羊峡、刘家峡两库区间流量研究成果基础上,考虑黄河上游发电、灌溉、供水等综合利用要求,建立龙羊峡、刘家峡水库联合防凌调度模型,通过长系列调节和典型年计算,首次提出了刘家峡水库凌汛期内不同阶段的预留防凌库容和龙羊峡水库凌汛期初始控制水位。同时,优化了现状水库联合防凌调度方式,提高了水库群联合防凌调度科技水平,促进了现状水库防凌由经验性调度到科学调度的转变。

9.3　认识与展望

9.3.1　现状条件下宁蒙河段防凌形势依然严峻

宁蒙河段凌情受动力、热力和河道边界条件等多种因素的共同影响,虽然本书提出了现状条件下龙羊峡、刘家峡水库联合防凌调度的具体指标,优化了水库调度,但由于上游水库防凌调度库容不足、宁蒙河段主槽过流能力偏小的根本问题没有得到解决,因此即使按优化后的水库调度方式运用,也不能很好地解决宁蒙河段防凌问题。现状条件下宁蒙河段防凌形势依然严峻,现状水库的防凌调度优化替代不了黑山峡水库。通过建设黑山峡水库等措施,可以增加上游水库的防凌库容,解决防凌与发电的矛盾,扩大宁蒙河段主槽的过流能力,改善上游防凌形势。

9.3.2　宁蒙河段防凌需多种措施共同解决

宁蒙河段凌情受动力、热力和河道边界条件等多种因素综合影响,且凌汛险情突发性强、难预测、难防守。目前防凌调度中,对于动力因子,可通过水库、分洪区等进行调节,而气温的变化对凌情的影响较难控制,控制河道边界条件变化的难度也比较大。在防凌调度中不可控制的因素较多,因此必须采取多种措施共同防御凌汛险情,包括加强河防工程建设,建设黑山峡水库以及加强凌情监测预报、防凌调度等措施。

9.3.2.1　"上控、中分、下排"的防凌工程体系联合运用

在黑山峡水库建成前,"上控"工程主要指龙羊峡、刘家峡水库和海勃湾水库。龙羊峡、刘家峡水库是目前宁蒙河段防凌的主要工程,控制凌汛期进入宁蒙河段的流量过程和水量。海勃湾水库控制流凌封河期进入内蒙古河段的流量平稳,尽量创造适宜的封河流量,开河前预留一部分库容以应对内蒙古河段突发险情。"中分"工程主要指内蒙古河段的六个应急分洪区和灌溉引水工程等。主要在发生冰塞、冰坝等险情和河道内高水位持续历时较长时分蓄河道内水量,降低河道水位,缓解凌汛紧张形势。"下排"工程主要指宁蒙河段的两岸堤防和河道整治工程,这是防凌的主要措施之一,应加强堤防建设和堤防质量,提高防御冰凌洪水的能力。

9.3.2.2　凌情监测、冰凌预报、防凌调度、应急爆破、河道清障等多种非工程措施并举

凌情监测是掌握凌情发展、分析冰凌冻融规律、研究凌汛特点的基础支撑,是进行冰凌预报的前提;冰凌预报是水库、应急分洪区调度和防凌指挥调度的根本依据;根据冰凌预报和防凌调度预案等,制订科学合理的防凌调度方案,可以使水库控制合适的下泄流量,减小冰塞、冰坝的产生,促使"文开河";在发生冰塞、冰坝、河道水位壅高等紧急险情时,依靠冰凌爆破等疏通河道,降低水位;在流凌封河、开河等防凌关键阶段,加强河道清障,减少桥梁施工、浮桥运营等对封、开河的不利影响。

9.3.3　宁蒙河段防凌问题复杂,仍需开展大量基础工作和相关研究

宁蒙河段凌汛受动力、热力和河道条件等多种因素的共同影响,各影响因素不断变化、互相干扰、关系错综复杂,而目前凌汛期宁蒙河段引退水规律,冰凌冻融,冰塞、冰坝形成,槽蓄水增量形成演变等基础研究还不够深入,缺少支撑冰凌预报、水库调度、冰凌爆破等实际应用的成果,仍需开展大量基础工作和相关研究。

目前,宁蒙河段水文观测站少,需增加凌汛期水文观测站点,加强冰凌专项观测和巡测。需加强凌汛险情监测手段研究,以便及时确定冰塞、冰坝的位置。需进一步提高气温预报和冰凌预报水平,提高预报精度,延长预见期。

受黄河上游冰凌资料和冰凌相关研究进展的限制,目前上游龙羊峡、刘家峡水库的防凌调度经验性较强,而且调度时段和指标偏宏观;海勃湾水库于2014年建成,海勃湾水库防凌运用方式,尤其是与刘家峡水库的联合运用方式仍需进一步研究;内蒙古河段应急分凌区的运用仍较为粗放,防凌应急调度缺少支撑。因此,建议进一步加强凌汛相关基础研

究,重点开展刘家峡—内蒙古河段区间流量,宁蒙河段引退水规律研究;宁蒙河段槽蓄水增量的形成、发展及演变规律研究;在相关研究基础上,尽快建立黄河上游防凌工程联合防凌调度模型,支撑黄河上游防凌调度,提高黄河上游防凌能力。

需进一步细化海勃湾水库凌汛期的防凌运用方式,研究可能存在的防凌问题及应对措施,在凌汛期应密切监测库尾的封、开河形势及冰塞、冰坝发生情况,为研究制订冰塞、冰坝应对方案提供依据;应加强水库以下河道凌情监测,及时分析调度中存在的问题,并对海勃湾水库防凌方式及时调整,逐步完善。

需逐步积累内蒙古河段应急分凌区分水防凌运用资料,分析实际分凌情况与运用中存在的问题,进一步研究分凌区运用的时机与方式。

9.3.4　尽快建设黑山峡水库,改善上游防凌形势,解决防凌与发电的矛盾

龙羊峡、刘家峡水库距离宁蒙河段远,刘家峡水库 20 亿 m³ 的防凌库容仅可满足一般情况下宁蒙河段防凌需要,不能满足丰水年份、严重凌情和紧急情况下宁蒙河段的防凌需求。海勃湾水库现状库容已不能完全满足宁蒙河段防凌要求,库容淤损后对内蒙古河段的防凌作用还会减小。现状工程条件下,宁蒙河段中水河槽过流能力偏小,冰下过流能力低,槽蓄水增量大,黄河上游防凌形势严峻、防凌库容不足、防凌与发电矛盾较突出。

而黑山峡水库优越的地理位置和地形条件,对黄河上游水量进行合理配置,增加汛期输沙水量,拦沙减淤,塑造有利于宁蒙河段输沙的水沙过程,恢复和维持河道主槽的行洪能力;可增加上游水库防凌库容,根据宁蒙河段凌情的实时变化情况,较为灵活地控制水量下泄过程,减少发生冰塞、冰坝的概率,为保障防凌安全创造条件;可以协调水量调度、防凌调度与发电运用之间的矛盾,充分发挥上游梯级电站的发电效益。因此,建议尽快建设黑山峡水库,以缓解上游严峻的防凌形势,解决防凌与发电的矛盾。

参 考 文 献

[1] 蔡琳,卢杜田.水库防凌调度数学模型的研制与开发[J].水利学报,2002(6)：67-71.

[2] 蔡琳.中国江河冰凌[M].郑州:黄河水利出版社,2007.

[3] 陈守煜,冀鸿兰.冰凌预报模糊优选神经网络BP方法[J].水利学报,2004(6):127.

[4] 陈卫东,梁新兰,张雅斌,等.T213数值预报产品的温度预报释用技术[J].陕西气象,2003(6):7-9.

[5] 范北林,张细兵,蔺秋生.南水北调中线工程冰期输水冰情及措施研究[J].南水北调与水利科技,2008,6(1)：66-69.

[6] 高霈生,靳国厚,吕斌秀.南水北调中线工程输水冰情的初步分析[J].水利学报,2003(11):96-101,106.

[7] 郭永鑫,王涛,杨开林,等.黄河宁蒙河段冰情预报决策支持系统的设计与开发[J].水利水电技术, 2005, 36(10):67-73.

[8] 胡林娜.最高最低气温预报中的"温差订正法"[J].江西气象科技,1995(2):39-40.

[9] 黄河水利委员会水文局.黄河上游实用冰情预报数学模型及优化水库防凌调度研究[R].郑州:黄河水利委员会水文局,1998.

[10] 黄河水利委员会水文局.黄河下游实用冰情预报模型机应用研究[R].郑州:黄河水利委员会水文局,1994.

[11] 黄河水利委员会.治黄专项:黄河上游实用冰凌预报数学模型及优化水库防凌调度[R].郑州:黄河水利委员会水文局,1998.

[12] 霍世青,李振喜,饶素秋.1998~1999年度黄河内蒙古河段凌汛特点分析[M].郑州:黄河水利出版社,2000.

[13] Hung Tao Shen.河冰研究[M].霍世青等,译.郑州:黄河水利出版社,2010.

[14] 康桂红,边智,贾汉奎,等.基于数值预报产品的温度客观预报集成模式的建立[J].现代农业科技, 2011(1):305-306.

[15] 可素娟,吕光沂,任志远.黄河巴彦高勒河段冰塞机理研究[J].水利学报,2000(7):66-69.

[16] 可素娟,王玲,杨向辉.1997~1998年度黄河内蒙古河段凌汛特点及分析[J].人民黄河,1998(12):24-26.

[17] 可素娟,王敏,饶素秋,等.黄河冰凌研究[M].郑州:黄河水利出版社,2002.

[18] 李会安,黄强,沈晋.黄河上游水库群防凌优化调度研究[J].水利学报,2001(7)：51-56.

[19] 茅泽育,吴剑疆,张磊,等.天然河道冰塞演变发展的数值模拟[J].水科学进展,2003,14(6):700-705.

[20] 茅泽育,张磊,王永填,等.采用适体坐标变换方法数值模拟天然河道河冰过程[J].冰川冻土,2003(25):214-219.

[21] 内蒙古自治区水利水电勘测设计院.黄河内蒙古防凌应急分洪工程可行性研究报告[R].呼和浩特:内蒙古自治区水利水电勘测设计院,2008.

[22] 饶素秋,高治定,霍世青,等.黑山峡水利枢纽在宁蒙河段防凌中的运用研究[J].人民黄河,2006,28(10)：16-19.

[23] 饶素秋,霍世青,薛建国. 90 年代黄河宁蒙段凌情特点分析[M].郑州:黄河水利出版社,2000.

[24] 水利部黄河水利委员会,芬兰 Atri-Reiter 工程有限公司. 中国-芬兰科技合作黄河下游冰凌数学模型和防凌措施研究与开发[R].郑州:黄河水利委员会.1993.

[25] 黄河水利委员会. 黄河凌情资料整编及特点分析(黄河上、中游部分 1950~2005 年)[R].郑州:黄河水利委员会,2006.

[26] 苏联水文气象委员会水文气象科学研究中心. 水文预报指南[M].张瑞芳等,译. 北京:中国水利水电出版社,1998.

[27] 孙颖,陈肇和,等.河流及水库水质模型通用软件综述[J].水资源保护,2001(2):7-11.

[28] 王进学.黄河上游梯级水库对宁蒙河段防凌的作用分析[J].西北水电,2004(3): 83.

[29] 王军,伊明昆,付辉,等. 基于人工神经网络预测弯道段冰塞壅水[J]. 冰川冻土, 2006(5):782-786.

[30] 王军. 河冰形成和演变分析[M]. 合肥:合肥工业大学出版社, 2004.

[31] 王涛,杨开林,郭永鑫,等. 神经网络理论在黄河宁蒙河段冰情预报中的应用[J]. 水利学报,2005, 36(10): 1042-1208.

[32] 魏良琰. 封冻河流阻力研究现况[J]. 武汉大学学报(工学版),2002,35(1):1-9.

[33] 吴剑疆,茅泽育,王爱民,等. 河道中水内冰演变的数值计算[J]. 清华大学学报(自然科学版), 2003,43(5):702-705.

[34] 徐剑峰.黄河内蒙古段凌洪灾害及防凌减灾对策[J].冰川冻土,1995,17(1): 1-7.

[35] 薛金淮,朱教新. 合理预留刘家峡水库防凌库容提高黄河上游梯级电站保证电量[J].水力发电学报,1997(9):26-29.

[36] 姚惠明,秦福兴,沈国昌,等.黄河宁蒙河段凌情特性研究[J].水科学进展,2007, 18(6):893-898.

[37] 应爽. 日本数值预报产品在温度预报中的释用[J]. 吉林气象, 2007(2):21-22.

[38] 翟家瑞. 常用水文预报算法和计算程序[M]. 郑州:黄河水利出版社, 1995.

[39] 张宝森,冀鸿兰,张兴红. 黄河内蒙古河段冰凌时空分布特性分析[J].人民黄河,2012, 28(2): 36-38.

[40] 张学成,可素娟,潘启民,等. 黄河冰盖厚度演变数学模型[J]. 冰川冻土,2002 ,24 (2):203-205.

[41] 周惠成,唐国磊,王峰,等. GFS 未来 10 天数值降雨预报信息的可用性分析[J].水力发电学报, 2010,29(2):119-126.

[42] S Beltaos. Numerical computation of river ice jams[J]. Canadian Journal of Civil Engineering, 1993, 20 (1):88-89.

[43] J Blackburn,F E Hicks. Combined flood routing and flood level forecasting[J]. Can. J. Civ. Eng., 2002, 29(2):64-75.

[44] Caplan, Peter, John Derber, et al.Changes to the 1995 NCEP operational medium-range forecast model analysis-forecast system[J]. Weather and Forecasting, 1997,12(3):581-594.

[45] Darrell D Massie, Kathleen D White, Steven F Daly, et al. Predicting ice jams with neural Networks [C]. Proceedings of the 11th Workshop on River Ice. Ottawa:Canadian Geophysical Union, 2001.

[46] F E Hicks, P M Steffler, R Gerard. Finite element modeling of surge propagation and an application to the Hay River[J]. N.W.T. Can.J. Civ. Eng, 1992, 19(3):454-462.

[47] S B Fels,M D Schwarztkopf. The simplified exchange approximation:A new method for radiative transfer calculations[J]. J. Atmos. Sci., 1975(32):1475-1488.

[48] E Kalnay, M. Kanamitsu, R Kistler, et al. The NCEP/NCAR 40-year reanalysis project[J]. Bulletin of the American Meteorological Society,1996,77(3):437-472.

[49] A Lacis, J E Hansen. A parameterization for the absorption of solar radiation in the earth's atmosphere[J]. Atmos. Sci., 1974(31):118-133.

[50] Lal A M, Shen H T. Mathematical model for river ice processes[J]. J. Hydraul. Eng. ASCE, 1991 (117):851-867.

[51] A M W Lar.Shen H T.A mathematical for river ice process[J]. Journal Hydraulic Engineering ASCE, 1991,117(7):851-867.

[52] Leith.Atmospheric predictability and two-dimensional turbulence[J]. J. Atmos. Sci., 1971,28, 145-161.

[53] A Mark, Hopkinsand Andrew M, Tut hill . Ice Boom Simulations and Experiments [J]. J. Cold Reg. Engrg., 2002,16 (3).

[54] Martin Jasek, Marian Muste, Robert Ettema,et al. Lspiv and numerical model estimation of Yukon River discharge during and ice jam near dawson[C]. Proceedings of the 10th Workshop on River Ice (Winnipeg, June 8-11,1999). CGU2HS Committee on River Ice Processes and the Environment. Canada, Edmonton, 1999:223-235.

[55] B Michel,N Marcotte,F Fonseca,et al.Formation of border ice in the Ste. Anne River.Pro. of the Workshop on Hydraulices of Ice-Coverd River[R]. Univ. of Alberta, Canada,1982:38-61.

[56] H L Pan,W S Wu. Implementing a mass-flux convective parameterization package for the NMC Medium Range Forecast Model[C]. Preprints, 10th Conf. on Numerical Weather Prediction, Portland, OR, Amer. Meteor. Soc., 96-98.

[57] D S Wang, H T Shen, R D Crissman. River Ice Jam Conditions[J]. Journal of Cold Regions Engineering, 1995: 119-134.

[58] J D Salas, M Markus, A A Tokar. 'Streamflow forecasting based on artificial neural networks in Artificial Neural Networks' in Hydrology[M]. edited by Gaovindraju, R.S. and Rao, A.R., Kluwer Academic Publishers, 2000:23-51.

[59] Y She, F Hicks. Modeling ice jam release waves with consideration for ice effects[J]. Journal of Cold Regions Science and Technology, 2006(45):137-147.

[60] H T Shen,Y C Chen, A Wake, et al. Lagrangian discrete parcel simulation of two dimensional river ice dynamics[J]. Int.J. of Shore and Polar Eng. 1993, 3(4):328-332.

[61] H T Shen, D S Wang. Under cover transport and accumulation of frazil granules[J]. Journal of Hydraulic Engineering, ASCE, 1995, 120(2):184-195.

[62] H T Shen, D S Wang. Frazil and anchor ice evolution in rivers[R]. Civil and Environmental Eng. Dept Clarkson University,USA, Report No.93-9, 1993.

[63] H T Shen, Liu Lianwu. Shokot su River ice jam formation[J]. Cold Regions Science and Technology, 2003:35-49.

[64] H T Shen, Wang De sheng, A M Wasantha Lal. Numerical simulation of river ice processes[J]. Journal of Cold Regions Engineering, 1995:107-118.

[65] Shen Hong Tao. River ice processes-state of research[C].Proceeding of The 13th International Symposium on Ice, 1996, Beijing, China.

[66] H T Shen,J Su, L Liu. SPH simulation of river ice dynamics[J]. Journal of Computational, 2000, 165 (2):752-771.

[67] H T Shen, C F Ho. Two-dimensional simulation of ice cover formation in a large river[C]. Proc. IAHR Ice Symp., Iowa City, 1986:547-558.

[68] Shunan Lu, Hung Tao Shen, Randy D Crissman. Numerical study of ice jam dynamics in upper Niagara

River[J]. Journal of Cold Regions Engineering, 1999, 13(2):78-102.

[69] Z C Sun, H T Shen. A field investigation of frazil jam in Yellow River[C]. Proc.5th Workshop on Hydr Of River Ice Jams. Winnepeg, 1988:157-175.

[70] M Tiedtke. The sensitivity of the time-mean large-scale flow to cumulus convection in the ECMWF model [J]. Workshop on Convection in Large-scale Models, ECMWF, 1983,297-316.

[71] I B Troen, L Mahrt. A simple model of the atmospheric boundary layer: Sensitivity to surface evaporation [J]. Bound.Layer Meteor., 1986:37, 129-148.

[72] Wang De sheng, Shen Hung, Randy, et al. Simulation and analysis of Upper Niagara River ice-jam conditions[J]. Journal of Cold Ragions Engineering, 1995,9(3):119-134.

[73] Wu Wanshu, Mark Iredell, Suranjana Saha, et al. Changes to the 1997 NCEP operational MRF model analysis/forecast system[J]. NCEP Technical Procedures Bulletin,1997:443.

[74] Yang Kailin, Liu Zhiping, Li Guifen. Simulation of river ice jams[J]. Water Resources and Hydropower Engineering, 2002,10(10): 40-47.

[75] J E Zufelt, R Ettema. Fully coupled model of ice jam dynamics[J]. Journal of Cold Reg. Eng., 2000 (14):24-41.